林家揚・李文軒・黃素娟・王立志・黃明慧 著

萬里機構

推薦序 1

首先，衷心恭喜《點•佗 B —— 全方位中西醫備產手冊》正式面世。集合中西醫、臨床心理學家及基因專家的專業資訊，我相信醫學界不少同事對此作品都十分期待。

準媽媽懷孕的過程可謂殊不簡單。由知悉懷孕至各樣事情的管理、身心狀態的準備、每天生活時間表的計劃、工作與家庭生活的平衡，以及嬰兒出生後的料理等等，都需要細心思考和安排。懷孕對身體健康構成不少挑戰，包括容易患上高血壓、妊娠糖尿病及其他身體不適。準媽媽包括家庭成員，大都嚴陣以待，以迎接新生命降臨的重要時刻。因此，處於懷孕期婦女需了解的知識和技巧實在不可或缺。

本書提供了有關懷孕期全方位的描述，由懷孕一刻開始至寶寶誕生，深入淺出地剖析各樣需要注意的重要事項。由自我身心靈管理、與家人及醫護人員的互動、需準備的「軟件」和「硬件」等等，本作品都作出了全面的闡述。此書確實是近年傑出的知識寶庫，值得細閱。

在此向林家揚中醫師、李文軒醫生團隊的努力致以崇高的敬意，並期盼所有準媽媽身體健康、寶寶快高長大！

黃至生 教授

香港中文大學醫學院 賽馬會公共衛生及基層醫療學院教授
香港中文大學醫學院健康教育及促進健康中心總監
香港中文大學體育運動科學系教授（禮任）

推薦序 2

生育是一件很奇妙的事情，精子進入母體後，卵子會釋放出一種化學劑，吸引並挑選健康的精子。精子和卵子結合後，受精卵會進行分裂，並逐漸前往子宮進行著床。上一代的婦女生五、六個孩子司空見慣，現在生小孩卻沒有像以前那麼容易。

全世界正受生育率下降影響。根據統計，生育率由 1950 年的 5.0，下降至近年的約 2.4，跌幅近五成。主要原因是現今女性受教育和工作機會較高，不太願意生小孩。

另一方面，不育問題亦漸趨嚴重。根據世衛組織報告，全球人口每六人有一人受不育影響，富裕和貧窮國家同受影響，箇中原因複雜，化學品、環境污染、壓力和疾病，皆影響生育能力。這些除影響女性經期、排卵和懷孕外，亦會影響男性的精子，例如感染和壓力可影響免疫系統，塑膠會減低精子質素等。

生活在現代社會，我們無法完全避免這些外在因素，但仍有不少個人和身體的狀況可得到調整。健康生活，例如避免吸煙喝酒、充分休息和適當運動皆十分重要。可惜，不少都市人工作繁忙，無暇照顧自己身體，患病而不自知。

生兒育女是很多家庭的夢想。如果我們多了解身體，懂得改善健康，可提升生育成功的機會，並在懷孕期間保持穩定。

林醫師博學多才，仁心仁術，長年組織義務工作，關懷弱勢社群，拔苦與樂。李醫生留學英國，經驗豐富。他們著書推動公眾教育，讓讀者多了解懷孕，為生育作好準備，少一些擔心，多一份平安，抱 BB 自然更有希望。

余嘉龍 醫生

風濕病科專科醫生
香港十大傑出青年 2018

推薦序 3

婦產專科李文軒醫生和林家揚中醫師組織團隊，中西合璧，共同撰寫《點‧佗 B —— 全方位中西醫備產手冊》，為懷孕媽媽及爸爸們帶來了一本非常貼心易明的「佗 B 百答」。書中覆蓋的範圍廣闊，內容詳細，深入淺出地解構許多 22 世紀的懷孕須知。

近 20 至 30 年，尖端科技研究取得成果，把現代產科推向高質優生領域。過往，許多未能在孕期中（甚至孕期前）診斷或避免的問題，現在都能透過檢驗母體血液和超聲波來發現，以作進一步處理，準媽媽自然可以佗得踏實安心。

對於這些複雜的檢查技術，此書亦有所提及，並能在詳細之中，有條不紊、簡單易明的逐一解釋，實在值得一讚。

至於中醫方面內容，醫師們為中醫傳統理論注入現代色彩，釐清很多坊間流傳對健康懷孕的誤解，與時並進，令人感到驚喜。

這書讓讀者能參照中西，在孕期中全面地學習如何正確地調養身體，為身體取得平衡。

我會將這本書形容為 —— 內容豐富，實事實答，懷孕必讀，希望大家用心細閱。

黃秉浩 醫生

英國皇家婦產科醫學院榮授院士
香港醫學專科學院院士
香港婦產科學院院士

推薦序 4

作為行醫 30 多年的婦產科醫生，我一向很有興趣想了解有千年歷史的中醫藥對懷孕婦女的不適如嘔吐、無胃口、作小產等有幫助嗎？有甚麼中藥在懷孕期間的孕婦應該避免進食呢？中醫如何透過把脈知道女性是否懷孕？單憑脈象知道男胎或女胎是真有記載嗎？

林家揚中醫師和李文軒婦產專科醫生團隊合作撰寫這本給懷孕婦女的指南 ——《點 • 佗 B —— 全方位中西醫備產手冊》，解答了我很多的疑問。

當證實懷孕後，孕婦都會充滿喜樂和焦慮，尤其是首胎懷孕，但由於未有經驗，她們身心靈都會面對很多的壓力！

懷孕過程中或多或少會帶給孕婦在身體上的不適，如嘔吐、便秘、作小產、腰骨痛⋯⋯甚至一些可嚴重影響孕婦和胎兒健康的疾病，亦會為孕婦和家人帶來精神壓力及情緒上的挑戰。

此書介紹了由懷孕到產後常遇到的問題，以婦產科西醫和中醫學等角度給孕婦解答。除了處理身體上的不適外，更教導孕婦培養健康的心境，給胎兒一個充滿喜樂的胎教環境！

在坊間有關孕婦須知的眾多書籍中，這本中西合璧的《點 • 佗 B》是一本非常罕見、實用和易讀的孕婦讀本！我極力推薦此好書給正在懷孕和預備懷孕的夫婦，以及我們醫護界的同工！

鄧錫英醫生

婦產科專科醫生
英國皇家婦產科醫學院榮授院士
香港醫學專科學院院士

前言

自古以來，生兒育女就是女人的天職，甚至有些傳統觀念認為，只有生過孩子，才能成為一個完整的女人；而沒有生過孩子，則是一個女性最大的遺憾。儘管説法值得商榷，但孕育下一代，仍是許多女性一生中非常重要的事情。

隨着不孕症發生率不斷上升，成功懷孕更顯難得，肚子裏的小生命成為許多夫婦的瑰寶。

但能夠懷上孕，是否代表懂得懷孕？

腹中孕育着得來不易的小生命，孕媽媽們往往既喜又驚，心中對懷孕全過程帶着極大的擔憂，腦海出現無數的疑問，不但變得容易緊張，有時候也為身邊的人帶來一些壓力。

其實，孕媽媽的憂慮並非沒有理據。懷孕生活的質素和醫療配套的確對孕媽媽和寶寶，甚至家庭起着重要的影響。舉例説，良好的生活習慣免卻一些妊娠併發症的發生；避免某些病毒的感染和輻射能預防胎兒畸形；孕媽媽體質強健，可減低生產的危險因素及寶寶過敏體質的形成；及早檢測基因，篩查胎兒染色體疾病，則可讓家庭有更周全的準備。

很多孕媽媽不停地在各種媒體或過來人的身上尋找答案，希望能有多一點知識，多一份安全。可是，她們未必完全明白所獲的信息，且許多資訊並非來自相關的專業人士，有機會存在誤點。

與外國不同，香港是一個綜合古今、融會中西的地方。許多孕媽媽在向西醫求診的同時，也會向中醫請教，或自行跟從傳統方法進行調護。現代醫學發展迅速，技術日新月異，很少中醫師能對新科技有透徹的認識，而且相對缺乏西醫檢查、處理急症或生產的前線經驗；中醫學歷史悠久，博大精深，對解決孕產問題，以及增強寶寶先天體質有一定效用，西醫難以理解這種概念抽象卻實用性強的學問，未能解答病人與傳統醫學相關的提問。

孕媽媽的分享有喜有悲，有笑有淚，千奇百趣——

「懷孕前害怕養育孩子會失去自由；懷孕後希望與孩子共度人生每一個時刻。」

「寶寶在肚子裏打胎拳道的時候，累在腹中，暖在心裏。」

「我感到生命的奇妙！」

「以前被刀割傷都不哭，現在吃不到蛋糕就想哭。」

「懷孕之後，我覺得自己美麗了許多。」

「我覺得手腳很不靈活，反應也比過往遲鈍，是寶寶把我的營養都吸走了嗎？」

寶寶不是住在腦袋（Brain），而是在肚子裏（Gut）。寶寶為孕媽媽帶來的不只是身體上的變化，更多是情緒和心靈的獨特體驗。因此，除了醫學知識上的學習和應用，心靈和生活護理方面的支援也十分重要。

筆者團隊希望透過《點•佗 B —— 全方位中西醫備產手冊》，多角度地將孕產過程的正確知識帶給各位準父母和照顧者，陪伴大家一步一步走過「有 B」、「佗 B」、「生 B」的日子，讓大家認識孕媽媽和腹中寶寶在每個階段的身心變化和生活要點，以及如何面對孕產過程可能出現的挑戰，懂得照顧媽咪、疼愛 BABY。

目錄

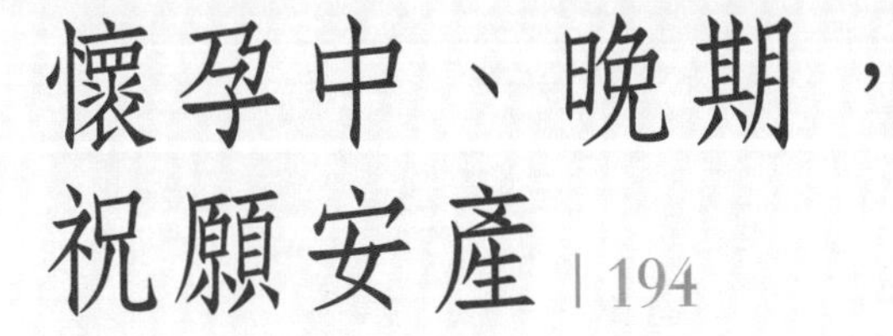

懷孕中、晚期，祝願安產 | 194

懷孕早期，
好孕生活

CHAPTER 01

點知有寶寶？

怎樣才知道自己懷孕了？

各地有很多案例，婦女們懷胎十月而不自知，直至誕下寶寶才發現有孕。與此同時，也有許多女士十分緊張，月經延後，就以為自己懷孕，結果過了一段時間，才發現「中空寶」，只是月經遲來了。

作為一個有智慧的準媽媽，怎能不懂得判斷自己是否懷孕？

首先，你要確認……

1. 月經比平常延後；及

2. 在上次月經之後，曾發生性行為（尤其沒有做避孕措施）。

然後，你可以做懷孕測試！

一棒便知有寶寶？——懷孕測試

人絨毛膜促性腺激素（Human chorionic gonadotropin，hCG）在卵子**受精後** 6 天左右開始產生，大約 11 天便可首先通過血液測試檢出「陽性」，**12-14 天後則可從尿液測出**。

大多數懷孕測試都放在一個盒子裏，其中包含 1 或 2 根長棒（驗孕棒）。你在驗孕棒上撒尿後，只需靜待幾分鐘，結果就會顯示出來。具體請參照個別檢查妊娠測試套件的說明核實。

1 甚麼時候可以做懷孕測試？

大多數懷孕測試可以在月經延後的第一天開始進行。如果你不確定月經會在何時來到，**應在上次發生無避孕性行為後最少 21 天進行測試**。

市面上有一些敏感度非常高的懷孕測試，從懷孕後（受精後）第 8 天即可測出結果，具體情況請各位準孕媽媽參考測試套件說明核實。

2 懷孕測試（驗孕棒）結果可靠嗎？

驗孕棒的「陽性」測試結果是**十分可靠**的，幾乎不會出現錯誤。但世事無絕對，如果你得到陰性的結果，但仍然認為自己懷孕了，可待數天後，再測試一次，又或者求診醫生的建議，進行血液測試。

血液測試主要測試身體內的「Beta HCG（β-hCG）」指數，數值增加代表懷孕。不過，**血 β-hCG 指數的增加並非 100% 由懷孕導致**，一些較為罕見的疾病也可能導致，值得留意。

“恭喜娘娘，是喜脈！”

宮中娘娘暈倒了，召來太醫。太醫透過紅線把脈，就說了這句話。

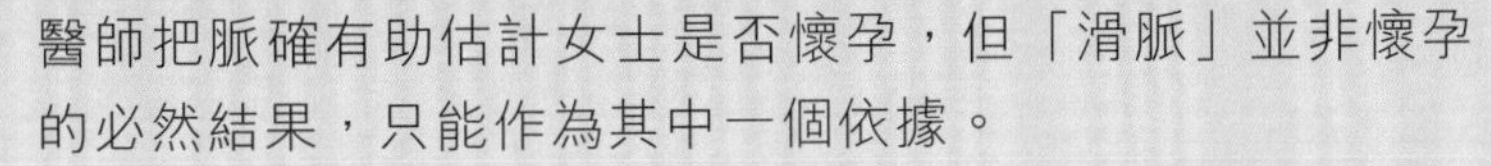

1. 把脈知有孕？

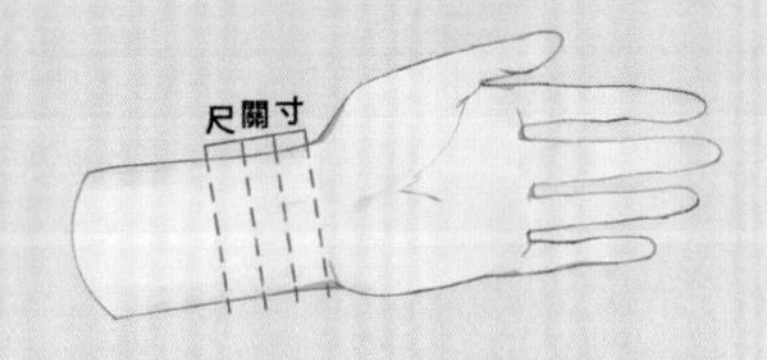

我們經常在電影或電視劇看到這類橋段，究竟中醫把脈知孕是否真有其事？其實，許多古籍都有相關記載[1]，健康的孕媽媽在懷孕初期，尺脈[2]會相對較弱[3]，及至兩三個月之後，脈象變得較懷孕前有力，特點是平和[4]滑利[5]，用力按不會消失，以尺脈尤為明顯。

醫師把脈確有助估計女士是否懷孕，但「滑脈」並非懷孕的必然結果，只能作為其中一個依據。

1 許多古籍都有記載妊娠脈。《金匱要略》:「婦人得平脈，陰脈小弱……名妊娠。」《備急千金要方》:「妊娠初時，寸微小……三月而尺數也。脈滑疾，重以手按之散者，胎已三月也。脈重手按之不散，但疾不滑者，五月也。」《脈訣》:「陰搏於下，陽別於上，血氣和調，有子之象。手之少陰，其脈動甚，尺按不絕，沉為有孕。」《景嶽全書》:「凡婦人懷孕者，其血留氣聚，胞宮內實，故脈必滑數倍常，此當然也。」《瀕湖脈學》:「尺脈滑利，妊娠可喜。滑疾不散，胎必三月，但疾不散，五月可別。」

2 中醫師把脈時，會在病人前臂橈側近手腕的脈管搏動處，用食指、中指及無名指定位，分別為「寸、關、尺」三部，用以診知不同臟腑部位的情況。尺脈主要反映膀胱和腎的情況。

3 腎主生殖，故尺脈的變化與生殖系統的生理狀況有密切關係。懷孕初期，寶寶需要孕媽媽身體氣血的充養，所以胞宮的陰血相對顯得不足，令尺脈顯得比寸、關脈弱小。

4 脈象平和，即柔和而有力，不快不慢，不浮不沉，節律均勻。

5 中醫學理論中，脈象有最少二十八種，代表人體臟腑氣血陰陽的情況，或者疾病的病位、性質和特點。「滑脈」特點是如珠走盤，圓滑流利，是孕媽媽氣血充盛養胎的表現。

「大夫，我係咪有咗喏？」無論是想避孕還是備孕，不少女士在把脈時都會這樣提問。有時候，在了解之下，發現提問的女士月經雖延後，但根本沒發生過性行為，又何來懷孕可能？

「望、聞、問、切」缺一不可。除了脈象的變化，根據停經、性交時間、身體反應和症狀（如疲倦、乳房悶痛、腹脹、噁心嘔吐），才能初步判斷懷孕。想確定是否懷孕，應予驗孕。

2. 把脈知性別？

「醫師，知唔知 BB 係仔定女？」這是另一個孕媽媽關注的問題。到底把脈能知道胎兒性別嗎？

李時珍在《瀕湖脈學》記載：「左疾為男，右疾為女。」意思是左手的脈象搏動得比較明顯，腹中寶寶會是男孩；若右邊脈象較明顯，則是女孩。另外，許多經典著作[6]也有同樣說法。

不過，脈象有機會受孕媽媽的情緒、飲食、活動、刻下體質等影響而變化，所以用脈象來辨寶寶性別，只能作為參考。

6《婦人大全良方》：「若妊娠其脈三部俱滑大而疾，在左則為男，在右則為女也。」《診家樞要》：「又左手尺脈洪大為男。右手沉實為女。」《備急千金要方》：「妊娠四月，欲知男女者，左疾為男，右疾為女……左手沉實為男，右手浮大為女……尺脈若左偏大為男，右偏大為女……左手尺中浮大者男，右手尺中沉細者女。」

懷孕跡象知有孕

對於月經週期有規律的女士來説，**月經姍姍來遲**是懷孕最早和比較可靠的跡象。倘若懷孕了，身體上發生的荷爾蒙變化還很可能使孕媽媽出現各種症狀。如果出現以下的症狀，而自己又有懷孕的機會，就趕快用驗孕棒檢查清楚吧！

噁心／嘔吐

噁心嘔吐可以發生在白天或晚上的任何時間，大部分孕媽媽在**早上起來特別容易作嘔**，因此有「Morning Sick」的説法。

如果你一直感到作嘔或嘔吐，甚至食後即吐，食物都不能停留胃腸，導致未能消化和吸收食物，應尋求醫生協助。

感到疲倦

孕媽媽容易感到疲倦、嗜睡，這情況在懷孕**首 12 週特別常見**。

乳房疼痛

乳房變得飽滿、脹大、柔軟是懷孕初期的徵兆。此外，乳房脹痛、乳暈顏色變暗、靜脈變得明顯都可能會出現。

尿頻

孕媽媽會比平日更容易有尿意。

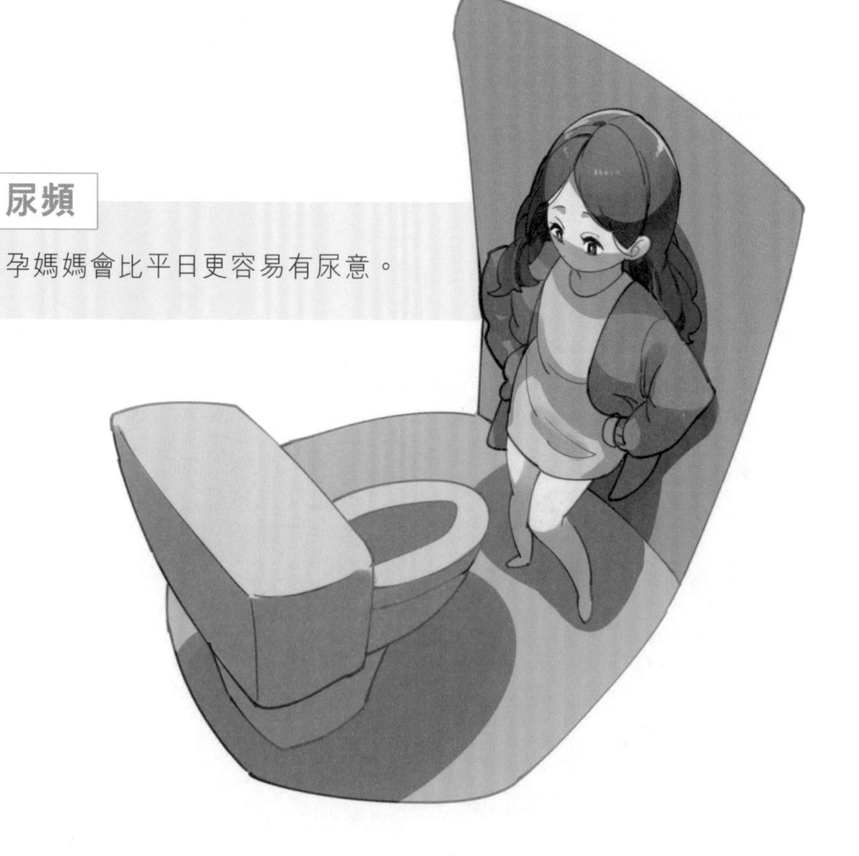

便秘

孕媽媽可能出現便秘，大便次數減少，而且變得乾燥難排。

陰道分泌物增加

受到荷爾蒙變化及陰道血液循環增加等因素影響，懷孕時，陰道會出現較多的正常分泌物，可以幫助預防細菌感染以免影響胎兒。這些分泌物比較稀薄，可呈微白色乳狀，沒有甚麼味道，陰部亦不會出現疼痛。

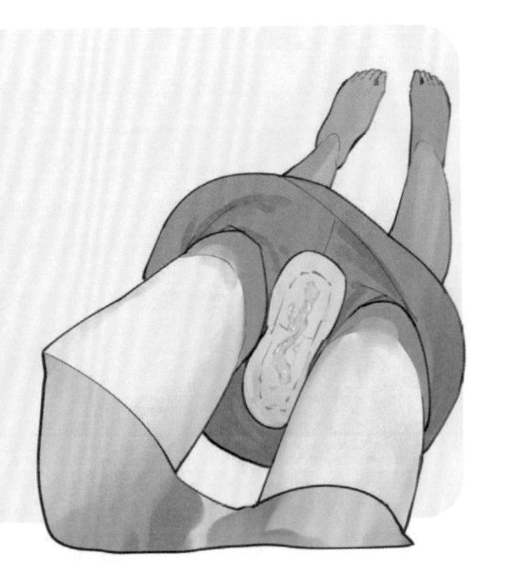

奇怪的口味、嗅覺、渴望

孕媽媽的口腔可能出現奇怪的味道，例如金屬味，又或嗅覺比平時更靈敏，對一些氣味的反應特別大。此外，還可能對以前喜歡的某些食物或飲料失去興趣，渴望嘗試新食物。

懷孕後的身體變化和徵狀或許有很多，常見的還有頭暈、飢餓感、情緒激動和不安等，在此不能盡錄，要密切留意變化。

點計預產期？

得知懷孕後，很多孕媽媽都會感到十分興奮，非常期待與寶寶會面，想着寶寶甚麼時候出生。

預產期（Estimated Date of Delivery，EDD）是一個醫學概念，用以預測孕媽媽的生產時間（寶寶的出生日期）。

上一次月經期（LMP）第一天後的 40 週（280 天）便是預產期。孕媽媽可透過「EDD 車輪」、「EDD 計算器」、預產期計算網頁或流動應用程式進行推算。

另外，在第 12 週左右（第 11 至 14 週）進行唐氏綜合症檢查時，婦產科醫生會透過超聲波檢查量度寶寶的週數和頸皮厚度，計算預產期。如果超聲波顯示的結果跟你用月經週期計算的預產期差距很大，醫生主要會以超聲波計算的預產期作為定斷。

好孕生活十大要點

成為孕媽媽以後，很多女士都大為緊張，特別是孕前生活習慣不良的夜貓子、外食族、過勞模，害怕一不小心，保不住寶寶。畢竟，流產現象十分普遍，尤其是懷孕 12 週以內。

除了母體與胚胎本身的因素，外界亦有很多可以引致先兆流產或流產的情況，例如不當使用藥物和草藥、受病菌感染、某些體能運動、環境污染等。

因此，初孕的生活十分重要！

中國人重視「傳宗接代」，早在很久以前，已從飲食、情志、運動等方面提出孕期保健法則。起居安順、謹和五味、適量運動、規避外邪、陶冶情志⋯⋯對孕媽媽身體的調護和寶寶的生長發育，發揮着積極的效用。

孕育一個生命並不容易，孕媽媽的生活不再是一個人的事。參今酌古，無論根據科學化的研究和統計，還是古人的經驗和智慧，妊娠期的生活都有一些特別需要注意的地方，孕媽媽們不妨參考一下。

好孕生活十大要素

1. 良好的居住環境
2. 合理的勞逸作息
3. 適量的體能活動
4. 均衡的飲食方案
5. 適當的體重增長
6. 正確的防病方法
7. 惡習的戒除行動
8. 專屬的生活細節
9. 健康的性愛生活
10. 精深的心情調護

良好的居住環境

居處環境直接影響孕媽媽作息的質素及情緒，舒適的環境，有利孕媽媽情志安定，尤其在懷孕初期，孕媽媽應居住在相對安靜的地方，減少驚擾，而在懷孕後期，則要特別注意濕度，環境要乾燥，避免濕冷。

整體而言，優質的居住環境特點如下：

✓ 環境寧靜少噪音
✓ 空氣流通而清新
✓ 陽光入屋要充足
✓ 溫度濕度要舒服
✓ 清潔衛生無雜物
✓ 避免裝修有害物

合理的勞逸作息

全職媽媽每天都有很多大小家務要處理，亦有不少孕媽媽因生活所需要兼顧工作，常常欠缺休息。

有研究顯示，睡眠不足不但會降低孕媽媽的免疫力，容易染病，也提高了早產及剖腹產的機會。從中醫角度，過勞可損傷氣血，胎兒滋養不足會引起胎動不安、流產、早產。

相反，如孕媽媽天天「平躺不動」，則可能容易肥胖，誘發各種妊娠期不適或併發疾病（如妊娠期便秘、水腫、糖尿病），影響身體對營養素的利用及胎兒發育，或導致肌肉力量不足而發生痛症、難產等問題。過於休逸，氣血及經絡運行不暢，達到胎元的營養物質自然減少，或氣血功能失調，生化不足而漸漸虛損，子宮虛冷，都會影響寶寶發育、胎動減少或誘發滯產。

想縮短產程，降低難產機會，讓胎兒健壯，適度的勞動和體育鍛煉是十分重要的。

✓ 孕媽媽可以工作，但切忌繁重。若進行文職的工作，緊記勿久坐、久視，要定時活動筋骨；若為體力工作，則要安排休息時間，不要久站、久行。

✓ 懷孕首五月，宜相對多休息，少勞動；而懷孕中後期，則可相對增加身體的活動量。

✓ 睡覺前宜避免使用電子產品，包括電話、電腦、電視機等。

有關懷孕時的運動安排，各位孕媽媽可以閱讀本章相關內容。

小貼士

“大住個肚，點瞓得好？”
懷孕期各階段睡姿建議

不少孕媽媽懷上寶寶後，都難以安睡，肚子越大，情況越明顯。她們不是安排不到時間休息，而是「身不由己」，躺在床上，挺着大肚子，總是感到不自在，又怕睡姿不良，影響寶寶。

1、懷孕早期（1–3 個月）

胎兒在子宮內發育，體積不大，仍居在孕媽媽的盆腔內，不會受到很重的自身或外力直接壓迫。因此，孕媽媽可使用**隨意的睡眠姿勢**，舒適便可，如仰臥位、側臥位。

2、懷孕中期（4–7 個月）

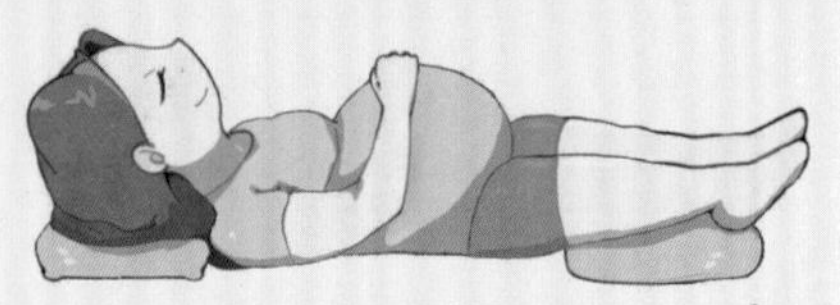

孕媽媽的肚子長大了，應注意保護腹部，避免外力。如果孕媽媽羊水過多或雙胎懷孕，宜採取**側臥位**睡姿，可以減少壓迫。如果孕媽媽感覺下肢沉重，可採取**仰臥位，用枕頭稍抬高下肢**。

3、懷孕晚期（8–10 個月）

孕媽媽宜採取**左側臥位**，可糾正增大子宮的右旋，減輕子宮對腹主動脈和髂動脈的壓迫，改善血液循環，並增加胎兒的供血量。

適量的體能活動

很多孕媽媽都有這樣的疑惑：「懷孕之後，可以做運動嗎？」

其實，「保胎宜小勞」，這答案是肯定的。懷孕期間進行體能活動，有莫大益處：

✓ 紓緩孕期常見的不適，如疲勞、靜脈曲張和肢體腫脹；
✓ 消除精神緊張、減輕焦慮或抑鬱；
✓ 提升睡眠質量；
✓ 增加肌肉力量，有助自然分娩；
✓ 日間戶外運動，可提高體內維他命 D 的水平；
✓ 促進身體新陳代謝；
✓ 幫助維持孕媽媽和寶寶正常體重增長，減少大於胎齡兒、巨嬰兒、難產的發生率；
✓ 促進孕媽媽身體氣血流通，筋骨堅固，加上寶寶對活動習以為常，使孕媽媽有意外輕微閃挫，也不致墮胎。

相反地，缺乏體能活動，可能引致以下一些情況：

- 肢體水腫；
- 靜脈曲張；
- 容易腰痛；
- 降低肌肉和心肺的功能；
- 體重增長過多，引發母嬰健康問題；
- 增加先兆子癇、妊娠糖尿病的風險。

一般孕媽媽**每天應至少有 30 分鐘帶氧的體能活動**，可以分時段累積計算。

而從中醫角度，相對中後期，懷孕初期的運動量不宜太多，生活宜以「靜」為主。及至妊娠第六及第七個月（21-28 週），則可以「動」為主，多做一些能力所及的活動，經常屈伸肢體，並多到郊外接觸大自然，不但可以促進氣血流通，更可幫助寶寶「養筋」、「養骨」，有利胎兒筋肉發達，關節脊背強健。

合適孕媽媽的運動以能「一邊活動，一邊談話」為準則。例如：

✓ 急步行走
✓ 游泳
✓ 踏健身單車
✓ 孕婦瑜伽
✓ 產前運動班
✓ 一般家務

進行體能活動，各位孕媽媽須注意：

- 運動的強度應以身體能夠負荷為大前提。
- 運動前緊記熱身。
- 懷孕前缺乏體能活動的孕媽媽，應循序漸進，切忌突然展開劇烈運動，且在活動前應先諮詢醫生的意見。
- 如在運動時感到不適，應立刻停止。如休息後情況仍未有改善，應看醫生。
- 患有心、肺疾病、有早產徵兆或懷孕期併發症等的孕媽媽，在考慮進行活動前應諮詢醫生的意見。
- 懷孕 16 週後，子宮明顯增大，容易壓迫下腔靜脈，因此宜避免在運動時維持仰臥的姿勢。
- 習慣性流產或曾經流產的孕媽媽，活動時要較小心，若要轉動身體或蹲起，幅度要小、動作要慢。
- 不要參加有可能被擊中的接觸性運動，如跆拳道、柔道、壁球。
- 不要去潛水，避免發生任何潛水疾病，因為腹中寶寶沒有能力防止減壓病和氣體栓塞（血液中的氣泡）。
- 在身體適應之前，避免在海拔 2,500 米以上進行運動，高原反應可以危害母嬰生命。

均衡的飲食方案

飲食直接影響孕媽媽的健康及寶寶的發育，良好的飲食習慣十分重要。

妊娠期間，孕媽媽飲食要儘量定時，不要過飢、過飽，應按照孕期各階段的需要以及孕媽媽的體質作出調整。

孕媽媽宜飲食清淡而富有營養，並少食肥膩、甜食、辛辣、寒涼生冷、含咖啡因或酒精的食物，因這些食物較容易引起各種不適，如噁心、嘔吐、心悸、腹瀉，甚至影響胎兒發育。

（妊娠期的飲食建議，參考第 4 章：食好一點，自然佗好一點，第 67 頁。）

適當的體重增長

勞逸適度、保持適量身體活動、飲食均衡有節的其中一個重要目的，是維持懷孕期適當的體重增長。

一般孕媽媽在懷孕首三個月的體重增長較慢，約 0.5-2.0 公斤。在第四個月開始會有所提升，體重平均每星期會增加約 0.4-0.5 公斤。

1 孕媽媽在懷孕期間，體重應增加多少？

每個人的身形和體態都不同，可以根據懷孕前的身高體重指數（Body Mass Index, BMI）來評估孕媽媽孕期的體重增長是否合理。

$$\text{BMI} = \frac{\text{懷孕前的體重（公斤）}}{\text{身高（米）} \times \text{身高（米）}}$$

孕前 BMI	建議懷孕時增加的體重[1]
<19.0	13 至 16.7 公斤
19.0 至 23.5	11 至 16.4 公斤
>23.5	7.1 至 14.4 公斤

2 懷孕期體重增長過多有甚麼影響？

懷孕期，孕媽媽的體重增加過多，會較易引致：

孕媽媽	寶寶
妊娠糖尿病	新生兒低血糖症
妊娠高血壓	巨嬰症
分娩困難（剖腹生產機會增加）	其他新生兒併發症
產後肥胖，難以回復原來身形及體重	長大後較容易肥胖，患心腦血管及代謝性疾病的風險增加
若過重情況持續，未來容易罹患與肥胖相關的疾病，如高血壓、糖尿病、心臟病、骨關節炎等	

1 資料來源 Wong W, *et al. J Am Diet Assoc. 2000:100*; 791-796；適用於單胞胎懷孕的華人婦女。

3 懷孕期體重增長過少又怎樣？

懷孕時體重增長過少，代表孕媽媽供給寶寶的營養不夠儲備，可能引致腹中寶寶發育較慢、營養不足，或者出生後體重過輕，甚至影響長大後的身體狀況。

正確的防病方法

成為孕媽媽後，受身體荷爾蒙的變化、生活習慣改變、情緒未能調適、氣血下聚養胎等因素影響，婦女的抵抗力會相對較弱，容易患病。

孕媽媽患病，除了身體上受煎熬，更讓人擔心的是影響孕產過程，連累寶寶。孕媽媽在孕期感染病毒或發高燒後，寶寶出現先天性疾患的情況，屢見不鮮。

因此，除了從起居、飲食、運動等方面着手，增強體質，一些預防染病的措施也是必須的。

防病攻略

避風寒濕別着涼！

保持衛生免感染！

接種疫苗抗傳染！

1 避風寒濕別着涼！

中醫認為無論過寒或過熱，都是懷孕大敵，可以導致孕媽媽患上感冒、時疫、痛症，甚至令寶寶生長發育遲緩，懷胎不穩。

因此，孕媽媽應注意：

- 避免直接吹風，尤其是冷風。
- 避免淋雨。
- 避免冷水洗澡或冷水浴。
- 不要進食生冷食物。
- 不要穿太薄、太短的褲子或裙子，以免寒邪從下部侵犯胞宮。
- 避免穿着露背裝，因風邪易從頸背侵襲；也不穿露臍服裝，以免胞宮受寒。
- 常備足夠保暖措施，如外套、圍巾，以進出空調環境，或防天氣驟變。
- 常在早上背曬太陽，增強身體陽氣，對抗外邪。
- 潮濕及陰雨天時，宜留家中，可使用抽濕機，以免感受濕邪或地滑危險。
- 避免在寒冷環境下進行游泳運動，宜選擇暖水泳池。上水後，儘快披上毛巾、溫熱水淋浴、暖風吹髮。

2 保持衞生免感染！

雖是老生常談，但保持衞生對於預防患病極為重要。孕媽媽應最少在飲食、環境、個人等三大方面，建立良好的衞生習慣。

i 飲食衞生

- 選擇新鮮的生鮮食材，不要選擇腐敗的，如無法立刻吃完，應包好放入雪櫃，並儘快食用完畢。
- 食材須充分加熱至熟透方進食，尤其注意肉類、肝臟等。
- 食物要洗淨，以清除病菌、農藥、添加物。
- 處理生熟食物的廚具及食具（如砧板、筷子）要分開使用，可有效避免傳染病。
- 不與人共用飯盒及飲品。
- 與他人用膳，使用公筷及公匙。
- 不要光顧無牌食物小販或不潔食肆。
- 不購買沒有正確標籤、過期或包裝破損的包裝食物。
- 不進食沒有蓋好的熟食或已在室溫下存放了一段時間的食物。
- 不進食已變色、變味、外表異常或懷疑受到污染的食物。

ii 環境衛生

- 保持室內通風，如室外空氣清新，應多打開窗戶。
- 打開窗簾，儘量讓陽光入屋。
- 調整家居濕度與溫度，建立病毒不易生存的環境。
- 保持家居環境、傢具、廚具、電器（如冷氣機、空氣清新機等）、床舖、衣物等清潔。
- 避免積存雜物。
- 清潔時要小心，應使用對孕媽媽無害的消毒劑。

iii 個人衛生

- 處理食物、進食前、接觸眼、鼻及口之前，如廁、咳嗽、打噴嚏後，以及接觸身體分泌物、動物或公共物件後，均應洗手。
- 出外回家後立即洗手、洗臉、漱口，更換衣履。
- 不與他人共用個人用品。
- 穿著吸汗和通爽的衣物。
- 注意外陰清潔，經常更換內褲。
- 如有需要，可按醫生指示應用婦科沖洗液消毒生殖器部位。
- 如在外如廁，先消毒馬桶，或使用即棄廁板墊紙。
- 沐浴後要徹底抹乾，尤其留意足趾間隙、乳房下、腹股溝等皮膚皺摺處。
- 若需定期口腔檢查，宜於懷孕 4 至 6 個月內（胎兒比較穩定的期間）進行，並緊記告知牙科醫生已經懷孕，以作適當安排。
- 飲食習慣改變（如嗜酸）以及孕吐均有機會刺激牙齒，使孕媽媽容易患上敏感牙齒或蛀牙。因此，應認真清潔牙齒，並使用含氟化物牙膏及漱口水（使用漱口水前宜先向牙科醫生諮詢）。
- 如身體上有傷口，要小心處理及保護。

3 接種疫苗抗傳染

在傳染病流行的時期，孕媽媽要小心防病，包括儘量少去人多的公共場合、佩戴口罩及面罩、勤潔手、與患病的家人進行隔離，以免受到感染。

因為在許多案例中，寶寶的先天性疾患及畸形都與孕期感染或嚴重發熱有關。

要預防傳染性疾病，接種疫苗是其中一個有效途徑。不過……孕媽媽可以接種疫苗嗎？

i 滅活流感疫苗

有充分證據顯示，孕媽媽在懷孕期間染上流感（尤其是妊娠後期），患併發症的可能性會增加，寶寶早產或出生體重低的風險亦會增高，甚至可能導致死產或死亡。

與此同時，亦有很多研究表明，從懷孕前幾週到預產期的任何階段，以及哺乳期間，接種流感疫苗都是安全的。孕媽媽更會透過胎盤和乳汁，將一些保護傳遞給寶寶，在寶寶來到世上的最初幾個月發揮抗病作用。

當然，由於流感在每年度及季節的情況都有所不同，在接種疫苗前，孕媽媽應與醫生好好討論，以作最合適的抉擇。

ii 活性疫苗（live vaccine）[2]

對於活性疫苗，孕媽媽則應避免。

常見的活性疫苗有：

- 卡介苗疫苗（Bacillus Calmette-Guérin vaccine, BCG）：預防結核病
- 麻疹、流行性腮腺炎及德國麻疹混合疫苗（Measles, Mumps and Rubella, MMR）
- 口服脊髓灰質炎疫苗（Oral Polio Vaccine，OPV）：構成給嬰兒的五合一疫苗的一部分
- 口服減活傷寒疫苗（Oral Live Attenuated Typhoid Vaccines）
- 黃熱病疫苗（Yellow Fever Vaccine）
- 減活（噴鼻式）流感疫苗（Live-attenuated Influenza Vaccine, LAIV）

儘管未有證據表明某種活性疫苗會導致寶寶出生缺陷，疫苗中的病菌或病毒仍存在讓寶寶受感染的可能。

因此，除非在特別情況下，例如感染風險遠大於接種疫苗的風險，醫生通常不建議孕媽媽在懷孕期間使用活性疫苗。

2 活性疫苗是將病菌或病毒減毒後，注射入人體，令身體直接對其產生抗體，所以這是一個輕微染病過程。活性疫苗的好處是保護強度較大，效用亦較持久，但副作用亦會較多。「沒有生命」的疫苗是「非活性疫苗」，安全性較高，甲型及乙型肝炎、流感、肺炎鏈球菌、破傷風疫苗等都屬這類別。

iii 新研發的疫苗

對於一些新型疫苗，孕媽媽又應否接種呢？

以 COVID-19 疫苗為例，數據顯示[3]，孕媽媽感染 COVID-19 會比非懷孕人士感染有較高機會出現嚴重併發症，且有兩倍的早產風險，圍產期死亡率亦增加約 50%。此外，在蘇格蘭，完成部分接種和已完成接種的孕媽媽，其感染發病率、患病後的住院和重症風險、早產率和圍產期死亡率等也有所減低。

懷孕期間接種 COVID-19 疫苗，孕媽媽身體所產生的抗體會經胎盤或母乳傳給嬰兒（96-98% 的臍帶血和所有母乳樣本中都可發現抗體）。當中 57% 的嬰兒在 6 個月大時，血液中仍存有抗體。所以，香港婦產學院建議，計劃懷孕的婦女、孕媽媽或哺乳期的產媽媽，除非由於潛在的醫療原因，否則應接種 COVID-19 疫苗。

孕媽媽們可根據相關的研究數據，結合個人的健康狀態和生活習慣，評估感染風險，再決定是否接種新型疫苗。

無論是哪一種疫苗，接種前都應先向註冊醫生查詢。

惡習的戒除行動

有些孕媽媽在懷孕前可能建立了一些損害身體健康的習慣，例如吸煙、飲酒，對孕媽媽的身體和寶寶都會構成不良影響。

---

3 資料更新至 2022 年 3 月 3 日：https://www.hkcog.org.hk/hkcog/Upload/EditorImage/20220304/20220304134822_6118.pdf

無論是主動吸煙或被動吸入二手煙，都可以危害寶寶。煙草可以造成：

- 胎兒畸形（如兔唇、顎裂）；
- 胎死腹中；
- 出生體重低及一系列併發症（如低血糖、低血壓、高膽紅素血症、壞死性腸炎等）；
- 先天性疾病（包括心血管、骨骼肌肉和消化系統等先天缺陷）；
- 嬰兒腦部結構和功能改變（認知力缺陷、聽覺問題、社交障礙、注意力不足 / 過動症）；
- 嬰兒猝死症等。

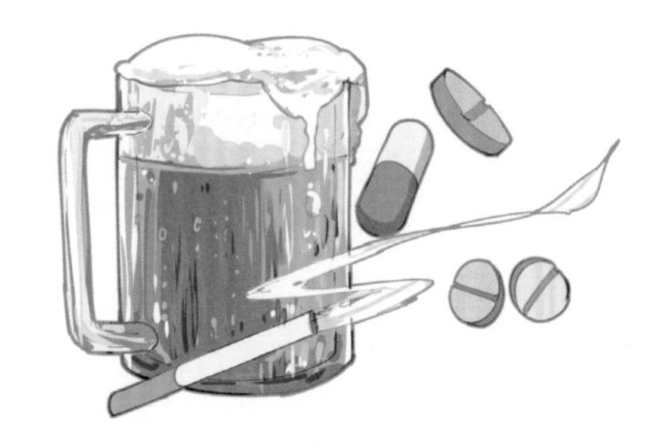

懷孕期間，即使飲低至中等份量的酒精，都可以對寶寶構成嚴重傷害。很多國家（如加拿大、紐西蘭、澳洲）的衛生部門都建議孕媽媽們滴酒不沾。酒精可以導致：

- 流產；
- 早產；
- 胎死腹中；
- 出生體重低及一系列併發症（如低血糖、低血壓、高膽紅素血症、壞死性腸炎等）；
- 胎兒酒精中毒綜合症（包括面部特徵異常、身材矮小、頭圍小、體重過輕、小頭畸形、心腎與骨骼問題、智力不足、聽覺及視覺受損等）；
- 寶寶發展障礙（包括智力、身體運動機能、心理、神經系統）；
- 寶寶焦慮與抑鬱傾向等。

專屬的生活細節

1 胎教很重要——接觸美好的事物！

「胎教」是中國傳統的重要概念。古人認為，母胎「呼吸相通、喜怒相應」，孕媽媽接觸的事物會直接影響寶寶的心智、個性，甚至外貌。

雖然，我們知道寶寶身體的先天情況與遺傳基因的關係較大，而且醫學界暫未有系統化地研究胎教對胎兒的影響，但毋庸置疑的是，孕媽媽在懷孕期間的身心狀態與胎兒有着密不可分的關係。

許多研究報告和臨床經驗都顯示，寶寶在腹中對外界刺激有所反應，例如音樂、孕媽媽的動作等。另外，在胎教的過程中，孕媽媽良好的思想、性情、行為、習慣，以及對寶寶關愛的表達，對其生長發育都有着正面作用。因此，孕媽媽們不妨向寶寶進行「胎教」！而最簡單的方式，就是接觸美好的事物！

美好的事物包括善良的朋友、美麗的大自然、柔和的音樂、友愛的行為、正確的價值觀、積極的態度、多元化的書籍……

2 選擇有益的娛樂——不要看鬼片或動作片！

懷孕期間，保持愉快的心情十分重要，孕媽媽應有適當的娛樂去放鬆身心，看電影是一個不錯的選擇。不過，鬼怪片或動作片就不太相宜。

突如其來的驚慄畫面和聲效容易引起孕媽媽思想不安或情緒緊張，七情失調可影響母嬰健康，甚至誘發疾病的發生。另外，相信無論是驚嚇的內容，還是暴力、打鬥或血腥的場面，都不是父母想傳遞給寶寶的訊息吧！

3 懷孕不棄養——正確地與寵物共處！

某些寄生蟲（如弓形蟲、蛔蟲）及傳染病，可以導致流產、早產、胎兒先天疾患等情況。因此，不建議孕媽媽在懷孕期間飼養新寵物。

若家中一向有飼養寵物，則應有所注意：

- 定期帶寵物施打預防針；
- 最好由其他家庭成員清理寵物排泄物；
- 做好清潔衛生，例如處理排泄物後立即洗手及身體裸露部位；
- 不要直接接觸寵物的分泌物及排泄物；
- 不要讓寵物住在臥室或睡在被窩裏；
- 不要讓寵物接觸人類的食物、食具；
- 最好給予寵物乾糧，而非生肉；
- 勿親自接觸或收養流浪貓狗。

除了動物，很多孕媽媽也喜歡栽種植物。孕媽媽進行園藝時，要記得戴口罩及手套（尤其是在處理土壤時）。處理植物後，亦要清潔好周圍環境，並使用潔手液及溫熱水洗手！

4 衣著裝扮要留心 —— 避免燙染頭髮和釘耳孔！

俗語有云：愛美是女人的天性。如果保持美麗能令孕媽媽心情開朗，何樂而不為？只是，各位孕媽媽在裝扮的同時，也有幾點要留神：

- 衣著要寬鬆，尤其在妊娠晚期；
- 選擇合適孕媽媽的化妝品及護膚品；
- 避免燙髮或染髮（以免接觸化學物質及增加脱髮的風險）；
- 避免釘耳孔。因為緊張及疼痛或會造成宮縮，傷口亦有感染及發炎機會。另外，中醫認為腎開竅於耳，耳朵上又有很多與身體各部位對應的穴位，最好避免釘孔刺激；
- 適時脱下肚臍環，分娩後恢復才再戴上，以免穿著環扣的臍洞被脹大的肚子撐至裂開或留下疤痕。

5 避免溫度刺激 —— 不要泡熱水浴、浸溫泉！

溫度過高的熱水浴或溫泉有機會影響懷孕初期的胚胎發育，或使盆腔充血，導致子宮收縮。

中醫學重視體質，對不同體質的孕媽媽，建議略有不同。

體質	浸浴推薦度	解説及建議
熱型、陰虛	★	浸泡熱水可致陽熱太過，若熱迫血妄行，嚴重可致出血。
陽虛、血虛	★★	避免水溫過熱，以免氣血上沖，引起眩暈。
寒型、氣虛、陽虛	★★★	浸浴及上水要避免吹風受寒，以免着涼感冒。
痰濕	★★	浸浴過多、過久可能引起水腫。「濕邪非溫不化」，應確保水足夠溫暖。

另外，溫泉水含有硫黃或其他礦物質，而浸浴用的浴鹽或精油可能含有化合物，長期浸泡吸收，或有機會對胎兒成長構成不良影響。若水質受污染，亦可引起陰道感染的問題。

所以，為安全起見，不建議孕媽媽在外泡熱水浴或浸溫泉。假若孕媽媽身體有需要在家中進行溫水浸浴（或浸足、水療），要注意：

- 浴盆及水質清潔；
- 不宜浸浴太久，最好有人陪伴；
- 小心上落水，不要滑倒；
- 切勿在飽餐後或飢餓時進行；
- 可按體質應用安胎藥浴（如艾葉）。

⑥ 小心使用藥物 —— 中西成藥、跌打外敷有禁忌！

孕媽媽在孕程中經常出現各種痛症，但千萬不要自行使用止痛貼或跌打損傷的藥貼外敷！

許多止痛貼可能包含孕媽媽禁忌的西藥或毒性成分，而跌打貼敷則可能含有麝香、紅花和丹參等通經活血的中藥。假如經皮膚吸收過量，可以引起宮縮或危害寶寶。

故此，孕媽媽若受痛症困擾，應求診及向醫生諮詢後，才再使用相關藥貼。此外，使用外用藥貼的時間不宜太長，避免引起皮膚敏感或損傷。

⑦ 身體不適應治療 —— 針刺、推拿、按摩慎選擇！

不少孕媽媽對中國傳統醫學十分信任，在身體不適時，會選用中醫藥治療。

針刺是運用不同的操作手法，將針刺入人體的某些組合的穴位，使患者產生酸、麻、脹、重等感覺，從而產生治療疾病的作用。

如有需要，孕媽媽是可以進行針刺治療的，但治療前必須告訴中醫師自己有懷孕可能或正在懷孕，可予以較輕的手法治療，以及避免使用對胎兒構成危害的穴位。

如有習慣性流產史、神經緊張、體質虛弱的孕媽媽，則暫不建議針刺治療。

至於推拿保健或腳底按摩，也必須十分小心。因為某些常用的保健穴位，例如肩井、合谷和三陰交等，都有機會引起宮縮。倘若孕媽媽想要自行按摩保健，也最好先諮詢註冊中醫師，確認正確的按摩穴位和手法。

中西醫學各有特色和優勢，身體不適時，孕媽媽宜按身體情況，綜合各方意見，理性地選擇治療方法。

（孕媽媽還有甚麼事情不可做？請參看附錄：「睇」多一點 —— 點睇傳統懷孕禁忌？第 54 頁。）

健康的性愛生活

中醫認為，性行為會耗用腎陰，擾動肝火或腎火，對於肝腎不足或熱型體質的孕媽媽來説，容易動胎氣或生胎毒。對於氣血虛弱的孕媽媽，若房事過多，勞傷肝腎，令沖任二脈虛弱，也會損傷胎元，影響寶寶健康，或造成小產、早產。因此，中醫學主張「孕期節慾」。

不過，各位不用擔心。一般而言，性生活不會傷害腹中寶寶！

如果孕媽媽產前檢查一切正常，身體又沒有併發症，性交和性高潮都不會增加提前分娩或流產的風險。夫婦關係親密和睦，更有助寶寶健康成長。

一起來看看怎樣做個「懂性」的孕媽媽！

懷孕 12 週或以內	懷孕 12 週至 36 週	懷孕 36 週或以上
盡可能避免性交行為	**可以有適當性交行為**	**避免性交行為**
■ 胎盤形成未穩定，與子宮壁的附着或不夠牢固，性交動作令子宮震動、收縮或盆腔充血，都可能誘發流產。	■ 性交時，要控制動作及力度，不要過分劇烈，或壓迫孕媽媽的腹部，避免對子宮頸造成強烈刺激。 ■ 注意陰部衞生，以防止任何感染。 ■ 如在性交時出現下腹脹痛不適、陰道流血、穿水等，應立即停止性交行為，儘快求診。 ■ 懷孕後期，性行為或性高潮均有機會引發輕微的子宮收縮（Braxton Hicks），孕媽媽可能會感到下腹不舒服或輕微疼痛，乃屬正常。 ■ 懷孕 28 週以後，寶寶漸趨成熟，子宮較敏感，容易收縮，應減少性交頻次，動作亦要輕柔。	■ 陰道性交刺激子宮收縮，有機會使胎膜早破或胎盤早剝。 ■ 宮頸逐漸鬆軟，關閉不嚴密，令性行為引起宮內感染及分娩後的產褥感染可能性增加。 ■ 降低孕媽媽生產時施力不當，造成陰部嚴重撕裂受傷的機會。

除非醫生或助產士告訴你不適宜進行性交，否則懷孕期間進行性行為是安全的。那麼，甚麼具體情況下，會建議孕媽媽避免發生性行為呢？

如有以下情況，應避免或暫停性生活：

- 高齡初產婦或結婚多年才懷孕的孕媽媽；
- 妊娠早期有先兆流產症狀（例如出血和腹痛）；
- 妊娠中後期患有胎盤前置（即胎盤置在子宮底）情況；
- 懷雙胞胎，並處於妊娠後期階段；
- 過往曾經早產，並處於妊娠後期階段；
- 羊膜穿破（穿水）（性行為會增加感染風險）；
- 子宮或子宮頸曾經有任何問題（增加早期分娩或流產機會）；
- 性交時下腹脹痛不適、陰道流血及穿水（不正常現象，應儘快求診）。

精深的心情調護

當小生命在孕媽媽的腹中成長，帶來喜悅、期待的同時，由於身體變化、角色轉變、生活問題等因素，也可能會構成一些精神壓力。面對這份「改變一生」的禮物，的確需要好好思想和調適情緒。

「宜和其心志，毋暴喜，毋過思，毋怒，毋恐，毋悲，毋憂慮，毋鬱結……」

——清．《產孕集》

身體變化或不適會影響心理，反過來，思想和情緒又會影響身體，造成或加重不適症狀，兩者環環緊扣。

除了個人方面，孕媽媽的心理狀態對寶寶的健康、家庭的互動與關係等都有着重要影響。

1 好孕心情 DOS & DON'TS

好孕心情 DOS & DON'TS

DOS	DON'TS
懷孕初期，居住安靜之處。	受驚動、悲傷或過多思慮。
在備孕期間及懷孕初期，了解整個孕程將要面對的情況。正確認知及心理準備可免卻許多擔憂和不安。	「無知」——人云亦云，盲目跟隨坊間告知的檢查、安胎或治療方法。
懷孕中期，保持心平氣和，愉快舒暢，活動輕柔。	表達不悅或哭泣時，肢體動作過劇；「化悲憤為食量」，暴飲暴食（體重急增對身體構成負擔及增添另一煩惱）。
懷孕晚期，多角度和客觀思考，儘量保持情緒穩定，讓五臟運作正常，氣血存內充足，好好備產。	懷孕晚期時，思想偏激、過分執着，或大叫、號哭；進食燥熱食物（可令身體陽熱更盛，容易情緒激動）。
接納自己，運用合適方法疏泄情緒，例如找理解自己的人分享。	無理發洩，過度激動（情志過極影響臟腑氣機，如過喜會使心氣耗散，太憤怒則令氣機上逆，恐懼則傷腎氣等，不利於身體及寶寶）。
確保休息充足，合理地安排他人幫忙處理事務或料理家務。	逞強、過多腦力或體力勞動。
身體不適時，專注地幫助自己，使用正確方式緩解，適時尋求協助。	不舒服時強忍、抗拒、責怪自己或寶寶。
多吃喜愛口味的食物，保持健康飲食，攝入充足的蛋白質（色氨酸、苯丙酸、酪氨酸）、維他命 B 及 D、鋅、鎂、奧米加 -3 脂肪酸等，有助情緒健康。	生冷、辛熱、煎炸、油膩、濃味、含咖啡因的食物令人更易產生低落、焦慮或煩躁的感覺。

DOS	DON'TS
保持或建立適當社交，有足夠的支援網絡，包括家人、其他孕媽媽或有經驗的家長。	封閉自己，獨自承受一切不快。
培養興趣或愛好，一方面進行胎教，一方面有精神寄託，陶冶性情，亦可從當中獲得滿足感； 進行適量的運動及休閒活動，例如散步、伸展或鬆弛練習、與友共聚、做義工。	無所事事，欠缺活力，令人心情消沉。
按急切性及重要性安排生活各個項目的優先次序。	巨大的生活轉變造成壓力，例如搬家、轉工。
心常感恩，口常感謝。	天天口發怨言（令孕媽媽思想更負面，「鑽牛角尖」）。
在專業指導下應用自然療法紓緩壓力，例如營養補充劑、芳香療法。	在沒有證據或指引下，胡亂自行試用養生保健方法。
家人應保持耐性，多包容和體諒，感性接納孕媽媽情緒，理性分析其疑問，且常給予支持和讚賞。	家人隨便指責、批評孕媽媽。
孕媽媽與家人（尤其丈夫）常常溝通，勇於表達個人感受，彼此保持開放的心，討論未來的改變和計劃，作出適當安排，減輕壓力。	與家人關係欠佳，甚至發生家庭暴力（身體、言語、精神），可引起嚴重後果； 忽視、忽略孕媽媽的情感需要也是一種冷暴力。
若有身、心或情緒困擾，難以紓解，不用猶豫，應尋求專業幫助，包括家庭醫生、產科醫生、精神科醫生、臨床心理學家、社工或輔導員等。這對自己、寶寶和家人來説，是有愛和負責任的表現。	用任何理由（例如怕打擾他人）拒絕尋求幫助都是不智的，會令情緒困擾惡化。

2 好孕寬心呼吸大法

呼吸淺和急會令人緊張、增加焦慮感，而呼吸過度（如呼吸太快或不斷抖大氣）則令身體呼出過多二氧化碳，擾亂血液酸鹼度，觸發不適症狀，如頭暈、眼花、心悸等。

孕媽媽可以在備孕與懷孕期間建立「呼吸習慣」，根據個人身體的狀態，循序漸進地進行呼吸練習，幫助自己的內在心理環境營造好氣氛。

運用專注力，有規律模式地呼吸，不但可以調和氣血、按摩內臟、安靜思想、穩定情緒、放鬆身體、改善症狀，更可以協助處理消極情緒。這種心理治療方法，與中醫氣功中的「調息」與「吐納」十分相似。

i 腹式呼吸法

❶ 背直靠椅背，放鬆。
❷ 雙腳平放在地，一手放大腿上，一手放下腹。
❸ 先用口緩緩呼氣，你會感覺腹部慢慢凹下。
❹ 然後用鼻子吸氣，你會感覺腹部慢慢脹起。

小貼士

❶ 最初學習腹式呼吸，可用平常的呼吸速度，然後才逐漸減慢——即用更長時間吸氣與呼氣。
❷ 若未能理解此法，可平臥床上進行，比較容易掌握。
❸ 留意吸氣時，肩膊不會升高，也不是主動擴張肺部，而是儘量將空氣吸到腹部。

ii 三角形呼吸練習

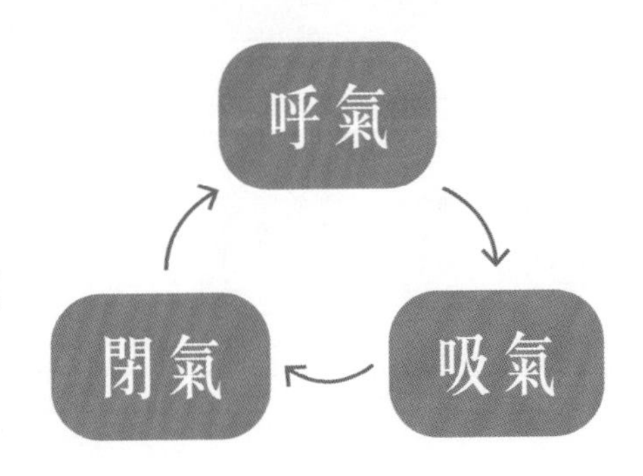

❶ 背直靠椅背，放鬆。
❷ 雙腳平放在地上，雙手放大腿上。
❸ 透過鼻子慢慢吸氣（腹式），吸氣時心中慢慢數五下「1…2…3…4…5…」。
❹ 然後忍住不呼氣，也是大概五下。
❺ 慢慢以口或鼻呼氣，儘量將所有氣體呼出（心中慢慢數五下或以上，越慢越好）。
❻ 呼氣後，回復平常的節奏呼吸兩次。
❼ 再重複步驟 3 至 6。按個人需要及狀態，整個過程可持續 5 至 15 分鐘。

小貼士

❶ 切勿強忍閉氣，在步驟 2 稍作停頓也可。
❷ 呼氣時可想着「放鬆」、「舒服」、「平安」、「愉快」等字眼，視乎個人需要，讓自己的精神和身體集中享受這個感覺。
❸ 重複練習後，習慣了緩慢地進行，就可免卻數數字。
❹ 熟習以後，可以省略第 6 步，連續進行呼吸練習，毋須回復平常呼吸節奏。
❺ 慢慢地，你會發現呼氣可更慢更長，這是好現象！

iii 鬆鬆安心寧神功

作用：放鬆身心，安定心神，調和氣血，疏通經絡。

適應症狀：疼痛、眩暈、失眠、多夢、高血壓、心悸、焦慮、驚恐等。

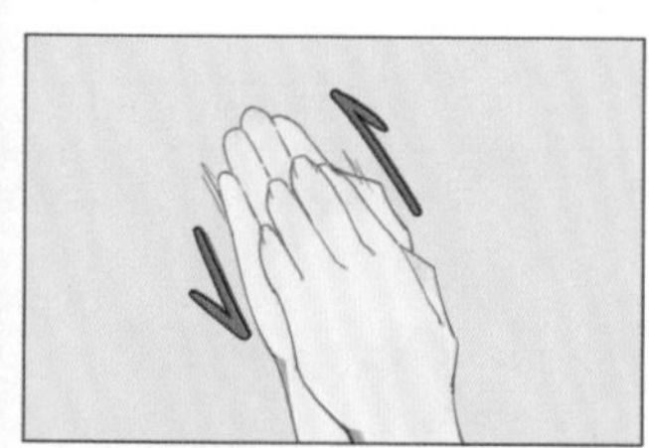

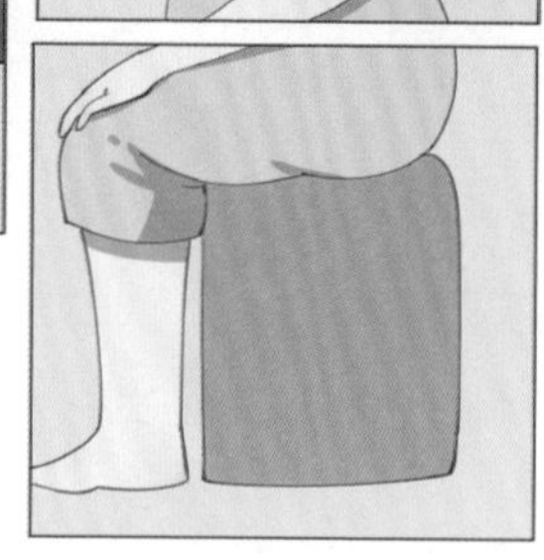

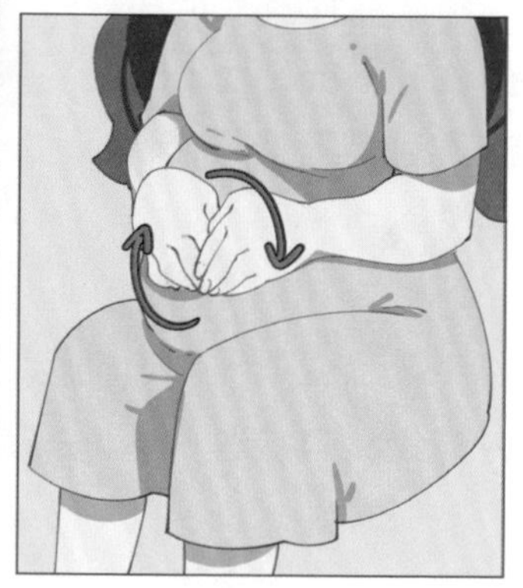

❶ 在空氣清新流通，安靜舒適的環境裏進行。

❷ 坐於椅上，兩腳左右分開，同肩寬，雙手放大腿上。

❸ 放鬆身心，眼半開合，輕輕合上口唇，舌頂上顎，自然地呼吸，亦可使用腹式呼吸法。

❹ 專注力集中在頭頂部，用鼻子慢慢吸氣，再在呼氣時，口中默唸「鬆」字，越慢越好。

❺ 然後，再依次專注不同的部位，進行呼吸放鬆法：頸部、雙肩、雙臂、雙手、胸腹、腰背、臀部、兩大腿、兩小腿、雙腳。自上而下，每部位一組呼吸。疼痛部位可重複，進行連續 2 至 3 組呼吸。

❻ 完成呼吸放鬆後，雙手合十，搓擦手掌，直至溫熱。

❼ 雙手放在腹上，手掌心對肚臍，稍作調息。

小貼士

上述是全身的放鬆練習，如孕媽媽有需要，只選某一個或幾個部位進行亦可以。

3 好孕心情日誌

不是每個女性都有機會經歷十月懷胎，孕媽媽不妨將每天所經歷的，包括懷孕的身體反應、生活轉變、檢查行程、思想感受等，都一一記錄下來，這些片段，都會成為將來珍貴的回憶。

這裏的「好孕心情日誌」並非一般的日記。就算孕媽媽怕麻煩，或未有時間作詳細記錄，都可以做到，可以讓孕媽媽在懷孕期間有更喜樂的心情，建立強健的心理素質！

「好孕心情日誌」四大元素		範例
感恩與感謝	感恩是一種滿足和欣慰的感覺與態度，為自己所擁有或得到的感激、珍惜，認同並為生命中某些美好的地方表達感謝，不一定有特定對象。 而感謝則是對施恩者（自己或他人）所給予的好意、恩惠或益處作出回應。 常常感恩及感謝，可以為孕媽媽帶來樂觀好情緒，減輕不適或疼痛，有更大的力量面對孕程中出現的挑戰。	■ 陽光充沛，令我感到精神。 ■ 檢查一切順利。 ■ 有機會獨自享受一杯果汁。 ■ 坐車時有人讓座。 ■ 與朋友傾談，暢所欲言，非常高興。 ■ 下雨可以留在家中，很休閒。 ■ 寶寶仍安穩在腹中。 ■ 丈夫給我一個擁抱，十分溫暖。 ■ 平安渡過這一天。

「好孕心情日誌」四大元素		範例
欣賞自己	記下對自己的欣賞，肯定自己，可以是自己的付出、改變、進步等。	■ 我成功地吃了三餐。 ■ 我願意外出散步。 ■ 我抽時間記錄好孕日誌。 ■ 我今天平靜地向丈夫表達所擔憂的事。 ■ 我向奶奶分享了我的需要。
笑點	每天做一件令自己真心發笑、開懷大笑的事情，並記下。 可以是看喜劇、笑話、漫畫、相片，也可以是玩遊戲等。	■ 今天看了卡通片「XXX」。 ■ 仔仔對我做了一個滑稽的表情。 ■ 看了一段短片，一隻小狗不斷追自己的尾巴。 ■ 聽了一首趣怪的樂曲「XXX」。 ■ 今天捉弄了丈夫……
給寶寶的話	記下當天想跟寶寶説的一句話。	■ 寶寶，我愛你。 ■ 寶寶，媽媽每天陪伴你。 ■ 寶寶，你將會令世界更美好。 ■ 寶寶，期待與你會面。

- 建議孕媽媽每天花 3 至 5 分鐘筆錄，並每週回顧。若不方便，可使用口述錄音。
- 最好每天都將四個項目寫下，若沒有時間，選擇其中一兩項也可。
- 內容無分「大小輕重」，只要是孕媽媽真實感想就可以。
- 內容以「正面」的用語直接表達意思，少用「不是」、「沒有」等方式表示。

- 不加入「不過」、「但是」等內容，只表達與四大元素相關內容，即使未必能完整地表述整件事件。
- 除了讓自己回顧及重溯，孕媽媽亦不妨將日誌內容與他人分享，可以獲得雙倍的快樂！

好孕心情日誌

日期：__________　懷孕週期：____ 週 ____ 天

感恩與感謝：______________________________

____

欣賞自己：________________________________

____

笑點：____________________________________

____

給寶寶的話：______________________________

____

還有……__________________________________

____

附錄

「睇」多一點

點睇傳統懷孕禁忌？

中國流傳的習俗形形色色，與懷孕相關的忌諱更是千奇百趣。到底這些是迷信之說，並不可取，還是經驗智慧，有根有據？

有許多孕媽媽認為百無禁忌，面對家中篤信習俗的長輩時，往往引發許多爭論和衝突。也有些孕媽媽覺得寧可信其有，又或者半信半疑，或會不置可否，順其自然。

其實，正確地理解傳統懷孕習俗和禁忌，才懂得是否跟從，以及保護自己和腹中的寶寶，讓胎兒健康成長。況且，作為孩子榜樣的各位準媽媽，肩負孕育新生命，教育下一代的責任，若你想孩子將來懂得理性思考，自己又怎能盲目否定或跟從這些習俗？

現在，我們從中西醫學角度拆解芸芸似是而非的懷孕禁忌，讓大家一起看看古人提出懷孕忌諱是否有理據！

禁忌十「不要」？

禁忌一 在早孕首三個月內，千萬不要告訴他人懷孕的消息喔！

三姑話

若在懷孕的頭三個月向別人透露自己懷孕的消息，胎兒會「小氣」，又或惹惱胎神，令祂不保護孩子，胎兒就容易流產。

意見：不一定！

西醫點評

這個說法沒有根據。其實，懷孕前三個月告訴他人是沒有問題的。

不過，基於各種因素（例如高齡懷孕、環境污染、精神壓力等），孕媽媽的流產率近年越來越高。在香港，每年的自然流產個案超過 10,000 宗，而當中八成的流產意外是發生在懷孕的首三個月內，所以有胎兒「小氣」之說。

如果一懷孕就四處發佈喜訊，萬一發生流產，不但父母空歡喜一場，還要向他人交代，實在傷上加傷。

中醫
點評

無論過度悲傷，或過度歡喜，都可以刺激孕媽媽的臟腑氣機，直接影響母體和胎兒。

舉例說，當孕媽媽過分興奮地與別人分享喜悅時，會容易影響「心」，耗傷心的氣血，或者引起心火，使「心腎不交」，可間接令胎兒失養。又或者，孕媽媽與家人朋友分享後，獲得了過度的關心，反容易構成壓力，引致憤怒傷肝，擔憂太過傷脾、恐懼傷腎等，都不利寶寶發展。

身體比較虛弱的孕媽媽要特別注意，尤其是「氣虛體質」。初孕時，與家人朋友訴說喜悅的過程中，說話過多會耗氣過度，若長時間耗損，會氣血不足，影響胎兒成長。因此早孕時，孕媽媽宜多靜養，不要過度興奮和疲勞。

其實只要你的感受良好，甚麼時間分享懷孕消息也可，而且「多個人知、多個照應」。但記得「長話短說」，儘量懷平常心去表達啊！

不要將手高舉過肩！

六婆話

不要舉手高過肩，會衝撞胎神！我不是迷信，舉手會牽扯到子宮和臍帶，臍帶鬆脫，就會小產！

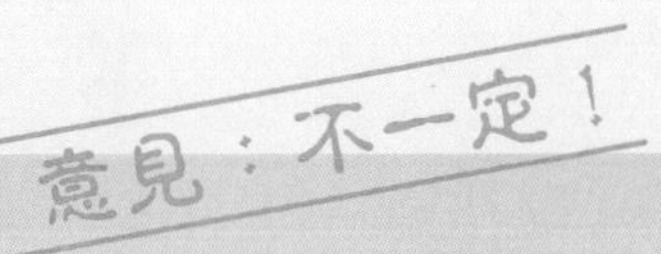

西醫點評

舉手會牽扯子宮和臍帶實屬無稽之談。首先，舉手時牽拉到腹部子宮或增加腹內壓等情況微乎其微，比起坐立、打噴嚏、大小便，舉起手對子宮的刺激可説是近乎沒有。

其次，臍帶在懷孕 4 週左右才形成，即使在妊娠中後期，胎盤內充滿羊水，臍帶亦十分穩固，並不可能從胎兒肚臍或胎盤鬆脱。

只要孕媽媽不是提着重物，正常舉手不會影響胎兒發展。

中醫點評

從中醫角度來看，急促舉手令肩部肌肉強烈地收縮，有機會刺激位處肩部的「肩井」穴。肩井穴具祛風清熱，活絡消腫作用，主治肩背痹痛、乳汁不下和難產等。現代研究表明強烈刺激肩井，可引起宮縮、有催產的作用。

再者，突然舉手或過度伸拉、存取放在高處的物件，有機會拉傷腰腹肌肉。腰腹為腎經、膀胱經、脾經、帶脈等所過之處，若受損傷，引致氣滯血瘀，對胎兒還是不太好。

因此，舉手並無問題，只要注意姿勢動作便可。若要存取放在高處的物件，孕媽媽還是請別人幫忙較好，避免拉傷或因重心不穩而跌倒。

不要拍孕媽媽肩膀，會引致流產！

三姑話

人有三把火，最大一把在頭頂，兩把小火在肩膀。如果拍熄孕媽媽把火，會胎兒不保。

意見：幾乎不可能！

西醫點評

拍孕媽媽肩部並不會造成流產，請不要迷信；但倒不要突然而又用力地這樣做，以免令孕媽媽受驚。

中醫點評

其實大家不用太擔心，輕拍孕媽媽的肩膀並不會做成流產。不過正如前所述，刺激肩部的「肩井」穴，或可引起宮縮。所以，為免構成任何風險，尤其在懷孕早期、胎兒還未穩定時，或懷孕晚期臨產階段，均不應猛力或反覆拍打孕媽媽肩膊。

「恐則氣下」、「驚則氣亂」、「恐易傷腎」，如果突然拍打孕媽媽，令孕媽媽受到驚嚇，影響其情緒，都可引發宮縮，不排除會間接地引發胎動不安或早產。即使不造成流產，對孕育寶寶也是不利的。

最後，特別提醒氣血虛弱的孕媽媽要小心保護自己，因為你們會比較容易受外界刺激而感到驚怕。

禁忌四　不要搬床、搬房或搬屋！

六婆話

莫說搬屋，搬床、搬抬都會驚動胎神啊！如果影響風水就更麻煩！會令孕媽媽腹痛、流產、寶寶五官不全！

意見：最好避免！

西醫點評

這是不可能的，但不建議孕媽媽搬動重物。

過度用力可令腹壓上升，或引發子宮收縮，若因不慎用力過度、姿勢不正而拉傷，是有一些機會影響胎兒。

孕媽媽勞動時，應考慮個人能力、胎兒是否穩健而量力而為。

中醫點評

很多長輩認為移動床位是懷孕期間最大的禁忌，也嚴禁孕媽媽和家人搬屋，甚至不能移動任何傢俱。其實，這些禁忌可能是因為古時的孕媽媽在勞動後流產而引發出來，告誡孕媽媽不要做體力勞動的工作。

其實，無論搬屋還是搬傢俬，重點是孕媽媽不要自己動手。中醫認為，經常用力提拿或搬動重物，容易令腰腹疲勞，損耗氣血；而長期勞損或不慎受傷亦可能礙及腎經和膀胱經，引致氣滯血瘀，從而影響胎兒。

如果改變居家環境會為孕媽媽的生活習慣、質素及心情帶來負面影響，還是慎重考慮為妙。

禁忌五　不能裝修和釘東西！

三姑話

不要裝修，也不要在家中釘東西，可能驚動或嚇走胎神，影響胎兒健全！連別人家的工程都應該避之則吉！

意見：最好避免！

西醫點評

這是不可能的。胎兒是否健全受父母基因所決定，裝修並不會影響。

唯一考慮的是，工程之中有否應用化學品，或者長期出現噪音，影響孕媽媽的身心。如有這些情況，孕媽媽儘量避開就可以。

中醫點評

以上説法雖是迷信的觀念，但也是一個提醒。

首先，裝修及釘牆壁、釘門等是體力勞動工作。從中醫角度，疲勞過度易傷氣血，加上用力舉起手打釘會引發強烈震動，有機會刺激不同的經絡和穴位，對孕媽媽的影響還是未知之數。

再者，裝修和打釘的聲音響亮，強烈的聲頻容易使孕媽媽受驚或煩躁不安，對胎兒不利。萬一孕媽媽要接觸任何裝修工程，更要注意各類污染情況（如空氣質素是否良好），以及環境的安全性。小心為上！

禁忌六　不要碰針線、動剪刀！

六婆話

拿剪刀，耳朵無，用針線，眼不見！
傷害胎神，寶寶也會有缺陷！

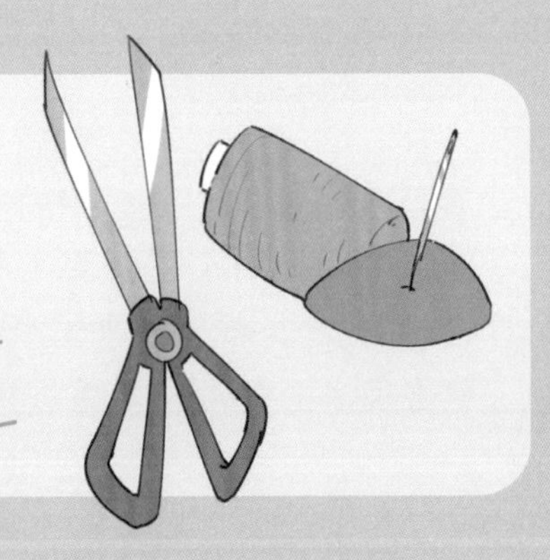

意見：完全沒關係！

西醫點評

這是荒謬的説法。現代醫學研究表明，人體缺陷屬於遺傳基因變異，根本與剪刀沒關係。

中醫點評

拿針線和剪刀是不可能令寶寶出生有缺陷的。辦公室工作的孕媽媽們，每天少不免要使用釘書機、剪刀和扣針等文儀用品，如果這説法是真的話，那真的不得了。

不過，中醫學理論認為「久視傷血」、「久坐傷肉」。長期用眼專注工作，容易引致疲勞，並耗傷肝血；脾主肌肉，長時間坐着不動，如傷及脾氣，肢體失養，則致肌肉痿軟。對於平素氣血不足的孕媽媽，原已動用洪荒之氣血供應寶寶，若再暗耗氣血，可能影響胎兒健康。

所以，孕媽媽千萬不要長時間進行一些「拿針線、動剪刀」——需要視力專注及安坐不動的工作，最好每 15 至 30 分鐘便要給眼睛休息一下，走動走動。

禁忌七 不要在家中掛猛獸圖！

三姑話

龍、虎、豹、鷹…… 獸皮、掛畫、雕像、砌圖通通不要出現！非洲草原、「挪亞方舟」都要拆下來！因為野獸的殺氣很大，會傷害孕媽媽和胎兒！

意見：作參考！

中西醫點評

中西醫學都十分重視孕媽媽懷孕後的情緒和心理狀態。能否在家中放置某些圖畫和擺飾，與猛獸無關，而是在乎該物品的設計會否令孕媽媽不安，若有引發恐懼感或負面思緒，便應暫時收藏。

曾經有孕媽媽的家貼上一齣恐怖片的巨型海報後，經常做噩夢，甚至幻想胎兒會被害。所以，保持家中簡約整潔，避開不必要的刺激。

禁忌八　不要剪頭髮！／不要留長髮！

三姑話

有了寶寶，孕媽媽不可剪頭髮！會將寶寶的福氣剪掉，又會動胎氣，甚至造成胎兒身體缺陷！

六婆話

有了寶寶，孕媽媽不可留長髮！會將寶寶的營養吸走！

意見：個人選擇！

西醫點評

剪頭髮影響母嬰身體的説法毫無科學根據。

懷孕期間，許多孕媽媽的頭髮會變得濃密，是因為奪走了寶寶的營養嗎？事實並非如此。

這個現象主要是由於孕媽媽體內荷爾蒙水平改變，延長了頭髮的生長期。進入休眠期的頭髮數量減少，掉頭髮的速度變慢，頭髮就明顯比以前相對濃密。

另外，相對胎兒獲得的營養和能量，頭髮生長所需的養分實在九牛一毛。況且毛髮生長的部位在皮膚毛囊內，外露的頭髮其實是沒有生命力的組織，無新陳代謝，不會消耗營養，故長髮不會增加頭髮生長的營養需求或影響生長速度。

中醫點評

中醫認為「髮為血之餘」，頭髮的狀態可以反映身體血液是否充足，運行是否流暢，臟腑功能是否正常。然而「剪髮」不是「剪血」，不會耗掉身體氣血。

孕媽媽應視乎喜好選擇髮型，最重要的是感到自在和快樂。如果因髮型問題導致心情不佳，反而對懷孕過程影響更大。

孕媽媽亦可根據體質選擇長髮或短髮。熱型和陰虛體質的孕媽媽宜選短髮，尤其在炎熱的夏天，有助散熱，減輕煩躁；痰濕體質也是，短髮可減少沉重感，令孕媽媽感覺更輕散，也避免因油脂分泌過多而難於打理。

寒型、氣虛、血虛、陽虛的孕媽媽則可留髮及肩。頭髮遮擋後枕、後頸，能阻隔風寒之邪入侵。不過，洗髮後緊記徹底弄乾，否則反容易被寒濕之邪所傷而着涼，引致外感。至於鬱型、血瘀體質，可按愛好為頭髮添上賞心悅目的髮飾或裝扮，令自己心情更好。

理髮小貼士

- 在懷孕早期及晚期把頭髮剪短，於孕期及坐月時會較方便打理，容易保持衛生，減少發炎及脫髮的機會，亦避免新生寶寶扯弄頭髮。
- 使用天然的洗髮及護髮用品，儘量避免接觸有害物質。
- 懷孕後身體或變得容易過敏，應避免轉換洗髮及護髮用品。
- 不建議（頻繁）前往理髮店，以免嗅到各種刺激性強的化學劑氣味（如染髮劑），對母嬰構成負面影響。
- 雖然構成傷害的機會微乎其微，但仍不建議燙染頭髮，以免直接接觸化學物（經皮膚吸收）、發生過敏或增加頭皮負擔，或應選擇天然的染髮用品。

禁忌九 不要出席婚喪喜慶！

三姑話

孕媽媽不要出席婚宴或喪事！參加喜事會「喜沖喜」，喪事又會「沖煞氣」，對孕媽媽和寶寶都不利！

意見：不一定！

西醫點評

沒有這樣的説法。

只要身體情況良好，參加婚喪喜慶並無不可，小心安全，做好保護就可以了。

中醫點評

中醫認為「七情」（喜、怒、憂、思、悲、恐、驚）與臟腑氣血的關係十分密切。過喜傷心、過悲傷肺、過憂傷脾，七情突然的變化超過人體本身的生理範圍，導致氣血失調，可即時引致身體不適。而如果情緒受困，沒有得到及時的疏導和調理，也會日漸損傷臟腑，影響孕媽媽和寶寶健康。

喜宴裏，人多擠迫又嘈吵、説話要聲高量多、大家心情異常興奮、餐飲豐富肥膩⋯⋯至於喪葬中，環境寒冷、人人悲淒苦楚、祭品香燭煙霧瀰漫、祭品食物久放冰涼⋯⋯婚喪的環境、氣氛、活動都可能令孕媽媽的情緒波動，影響身體的氣血運行和臟腑功能。若七情過極，沒有適當處理，不排除會影響腹中寶寶。

因此，建議孕媽媽出席婚喪喜慶之前，先了解自己的身體和心理狀態。假如心理狀態不穩，可考慮避免出席，或在出席活動後，尋求專業人士的協助。

禁忌十 不要去摸別人的小孩！

六婆話

孕媽媽不要摸人家的孩子，不但令孕媽媽容易生病，寶寶出生後也會比較虛弱和不好帶！

意見：沒有根據！

西醫點評

除非剛巧人家孩子有傳染性疾病，孕媽媽又沒有注意防護和衛生，才有可能在與孩子接觸後生病。

另外，寶寶出生後的身體情況受眾多因素影響，包括遺傳因素、照顧情況、生活環境等，與孕媽媽曾否摸人家孩子毫無關係。

中醫點評

這説法沒有理據。

孕媽媽多接觸不同的孩子，可以學習如何與他們相處，怎樣教育，同時可培養愛心和耐性。

不過，孩子手無輕重，萬一發生碰撞，造成意外，傷到孕媽媽或影響胎兒就有點危險了。所以，建議孕媽媽與孩子相處，可先説明清楚，讓他們保持有禮和清潔，且不能用力拍打肚子。

此外，孕媽媽也要根據身體情況而決定要否抱小孩或做蹲跪動作。最好可免則免，因萬一拉傷，會影響氣血和經絡循行，或有機會影響胎兒。

食好一點，自然佗好一點

孕媽媽的營養需求

孕媽媽（包括懷孕和哺乳的婦女）並不須吃「兩人份量」的食物，應選擇吃營養豐富的食物，務求充分滿足寶寶發育所需的營養，同時避免攝入過多熱量使體重過度增加，引致妊娠糖尿病、嬰兒出生過重等問題。

1 孕期各階段的營養需求要點

孕媽媽可留意孕產期不同階段的需要制定餐膳，以攝取充足營養和熱量，讓胎兒健康成長，預防不適症狀，以及確保產後分泌的乳汁含有足夠的營養。

<table>
<tr><th colspan="3">孕期階段</th><th>懷孕初期
（第 1 至 13 週）</th><th>懷孕中期
（第 14 至 27 週）</th><th>懷孕後期
（第 28 至 40 週）</th><th>產後
（哺乳期）</th></tr>
<tr><td rowspan="6">孕媽媽的特別需要</td><td rowspan="4">現代醫學</td><td rowspan="3">增加營養</td><td colspan="4">葉酸、碘、維他命 A</td></tr>
<tr><td rowspan="2"></td><td colspan="2">鐵、鈣</td><td></td></tr>
<tr><td colspan="3">蛋白質、鋅、奧米加 -3</td></tr>
<tr><td>額外熱量（卡路里）[1]</td><td></td><td>約 285</td><td>約 475</td><td>約 500</td></tr>
<tr><td colspan="2" rowspan="2">中醫學</td><td rowspan="2">補益氣血（如肝血、腎氣）</td><td colspan="2">肺脾之氣（20-32 週）</td><td rowspan="2">多補氣、養血、助津液[2]。</td></tr>
<tr><td></td><td>腎精及血</td></tr>
</table>

1 資料根據聯合國世界糧農組織熱量需求的專家報告（2001）建議，所需增加的熱量是基於孕媽媽的體能活動量仍維持在懷孕前之水平。孕媽媽宜根據實際情況決定熱量的攝入。

2 古時醫療技術及設備有限，生產時容易耗傷大量氣血，血失津傷，令產婦多虛、多瘀。但現代科技發達，臨床許多產婦體質未必十分虛弱，故此，必須按實際情況作出調整，決定調理方向及補益程度，並配合活血、開鬱、消導、祛寒、清熱等不同方法作調理。

② 西醫篇：有助寶寶發展的營養素及食物

懷孕期間，孕媽媽比其他女性需要更多的營養素，舉例說，孕媽媽需比非懷孕女性攝入約 1.5 倍的葉酸及維他命 B6。

而在孕期各階段，孕媽媽對各種營養素會有不同程度的需求。到底，這些營養素對孕媽媽自己，以及胎兒或孩子的發育成長有何作用？如何可以獲得足夠的營養素？攝取過多又會對身體有甚麼影響？

另外，市面上有很多形形色色的營養補充劑，孕媽媽在選用前，應先諮詢醫護人員或註冊藥劑師意見。

i 葉酸

每日攝取量	600 微克（mcg）
作用	■ 預防孕媽媽貧血 ■ 預防寶寶的中樞神經系統（腦部或脊椎）先天發育異常
主要食物來源	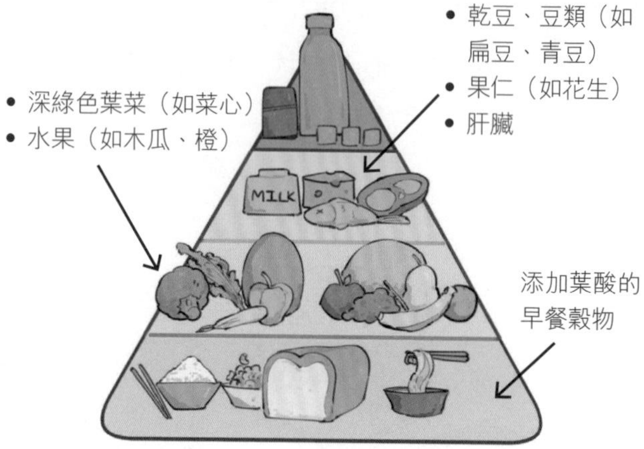 • 乾豆、豆類（如扁豆、青豆） • 果仁（如花生） • 肝臟 • 深綠色葉菜（如菜心） • 水果（如木瓜、橙） 添加葉酸的早餐穀物
使用補充劑？	★★★★★ **建議在懷孕初期（首三個月），每日服用至少 400 微克（mcg）（不應多於 1000 微克）** ■ 假如有以下情況，醫生可能會安排孕媽媽服用高劑量（5 毫克（mg））葉酸： • 孕媽媽或寶寶的親爸爸有神經管缺陷 • 孕媽媽或寶寶的親爸爸有神經管缺陷家族史 • 曾經懷過有神經管缺陷情況的寶寶 • 患有糖尿病 • 正在服用抗癲癇藥物 • 正在使用抗愛滋病病毒藥物 ■ 懷孕中、後期和哺乳期間可按需要應用

ii 碘

每日攝取量	250 微克（mcg）
作用	■ 維持新陳代謝 ■ 維持甲狀腺功能 ■ 使寶寶生長和腦部發育正常
主要食物來源	MILK • 海產（如青口、海蝦、海魚、蠔、海帶[3]） • 蛋黃、奶或奶類產品 紫菜（非加工）
使用補充劑？	★★★★★ 孕媽媽及哺乳的產媽媽按醫護人員指示，每天服用最少含 150 微克碘的補充劑

西醫話

“怎樣可以攝取足夠碘質？”

懷孕及哺乳期間的婦女每天需要的碘質攝取量，是普通女性的 1.67 倍。

按照本港成人日常飲食，孕媽媽一般較難攝取足夠碘質。因此，除了多選擇含碘豐富的食物，也應諮詢醫護人員，服用含碘的孕婦複合維他命及礦物質**補充劑**。

選用**含碘食鹽**替代普通食鹽，在上菜時放入少量，又或者間中進食少量**海帶**或海帶湯，選擇低鈉、低脂肪的**紫菜**零食作為日常小食，都是補碘好方法。

3 由於海帶含碘量非常高，只宜少量進食，且每次進食應相隔一星期以上，以避免身體攝入過量的碘，影響甲狀腺功能。

iii 維他命 A

每日攝取量	770 微克（mcg），不可多於 3000 微克（mcg）
作用	■ 幫助寶寶視覺發展 ■ 維持胎兒正常生長和免疫功能
主要食物來源	雞蛋、牛奶 • 紅色和黃色水果[4]（如木瓜、車厘茄） • 深黃色和深綠色葉菜（如紅蘿蔔、南瓜、番薯、羽衣甘藍、菠菜） 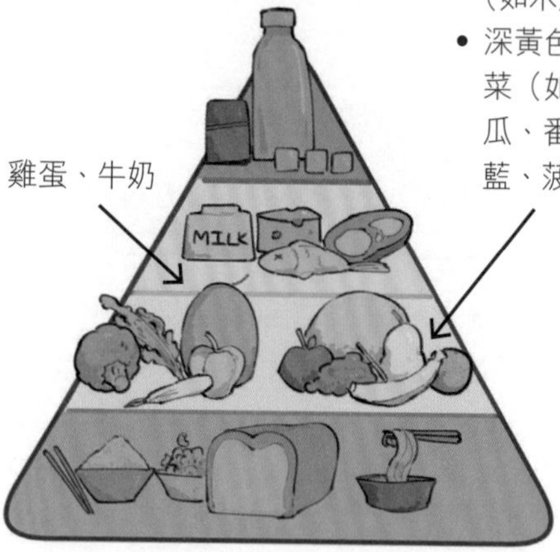 MILK
使用補充劑？	不需要，一般從食物攝取便可 ■ 大量攝取維他命 A，可致寶寶出現畸形、缺陷或患病 ■ 須避免服用維他命 A 含量高的補充劑，包括魚肝油 ■ 長期服用過多會傷害肝臟

4 胡蘿蔔素能於人體內轉化為維他命 A。

iv 鐵質

每日攝取量	每天 27 毫克（mg）
作用	■ 保障胎兒正常的生長和腦部發育 ■ 預防孕媽媽患上缺鐵性貧血 ■ 減少產後貧血的機會
主要食物來源	• 動物血（如豬紅、鴨血等） • 肉類（如豬肉、牛肉、雞肉、魚肉） • 雞蛋 • 動物肝臟[5] • 乾豆類（如扁豆、紅腰豆、雞心豆） • 堅果類（如杏仁、腰果、黑芝麻） • 深綠色蔬菜（如菜心、白菜、西蘭花、芥蘭、菠菜、紅莧菜、番薯葉） • 深色水果（如黑棗、車厘子、無花果乾、葡萄乾、龍眼乾） • 全麥穀物（如燕麥、糙米） • 添加鐵質的早餐穀物
使用補充劑？	★★★ 在懷孕中後期多選擇富含鐵質的食物便可 ■ 如有需要，可在醫護人員的指導下，按身體需要服用鐵質補充劑

5 肝臟含鐵質量雖然非常高，但維他命 A 含量亦較多，所以要注意勿經常進食，每週不宜超過 100 克。

中西醫話

“如何能吸收足夠鐵質？”

攝入鐵質不難，但原來身體對鐵質的吸收率並不如你所想的那麼高！從動物食材獲取鐵質的吸收率大約只有 20-30%，而植物食材的則更只有 5%。

那麼，如何能提高身體對鐵質的吸收率？

首先，孕媽媽可以在進食鐵質豐富的食物前或後的 1 至 2 小時內，**吃一些含豐富維他命 C** 的蔬果，以促進鐵質吸收。例如：番石榴、奇異果、橙、木瓜、釋迦、士多啤梨、龍眼、西柚、甜柿、柑、番茄、黑加侖子等。

相反地，在補鐵的同時要**避免**進食一些影響鐵質吸收的食物，例如**咖啡、茶，以及富含鈣質的食物**，如牛奶、乳製品等。

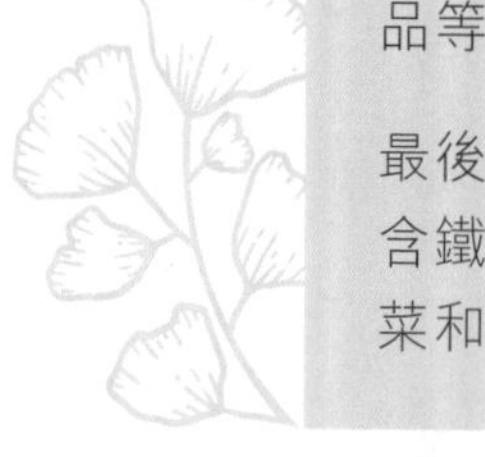

最後，食材特點各不同，要多樣化地配搭。例如動物肝臟含鐵量雖高，但過量食用或會對心腎造成負擔。又例如莧菜和通菜，性質寒涼，過多食用，恐傷氣血！

V 鈣質

每日攝取量	1000 毫克（mg）
作用	■ 構成骨骼和牙齒 ■ 減低早產和妊娠高血壓的機會
主要食物來源	• 低脂牛奶和奶製品（如芝士、乳酪） • 加鈣豆奶 • 以傳統方法製成的板豆腐 • 蝦米、小魚乾 • 連骨吃的魚（如罐頭沙甸魚） • 芝麻及果仁 深綠色蔬菜（如菜心、芥菜、白菜、西蘭花和芥蘭） 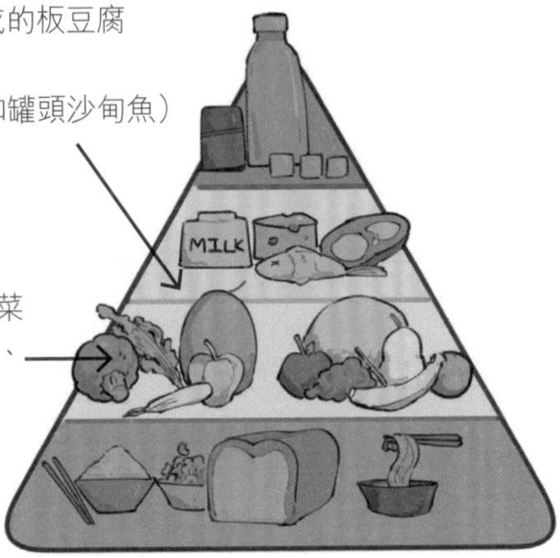
使用補充劑？	★★★★ **孕媽媽或哺乳的產媽媽，每天飲用 2 杯奶或加鈣豆奶便可** ■ 如有需要，在醫護人員的指導下，按身體及飲食情況使用鈣質補充劑 ■ 假如補鈣過度，鈣質有機會沉澱在胎盤的血管壁，引起胎盤老化或鈣化，使羊水分泌減少，以及增加胎兒頭顱的硬度，影響對寶寶的供氧與營養輸送，以及產程

vi 維他命 D

每日攝取量	20 微克（mcg）
作用	■ 幫助身體吸收和利用鈣質 ■ 使孕媽媽骨骼強壯 ■ 使寶寶也有足夠的維他命D，確保骨骼發育健康
主要食物來源	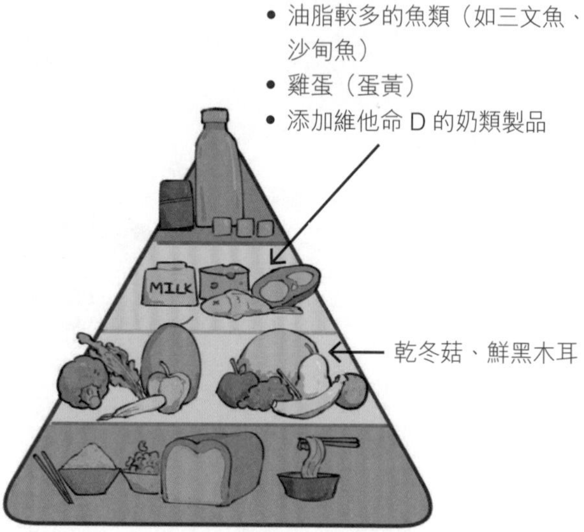 • 油脂較多的魚類（如三文魚、沙甸魚） • 雞蛋（蛋黃） • 添加維他命 D 的奶類製品 乾冬菇、鮮黑木耳 MILK
使用補充劑？	★★★★★ 「天然補充劑」：每天日曬陽光 10 至 15 分鐘 ■ 若某些因素導致孕媽媽不能接觸足夠陽光，可在醫生指導下使用含維他命 D 的補充劑

vii 蛋白質

每日攝取量	55-85 克（視乎孕期階段及孕媽媽體重）
作用	■ 預防貧血 ■ 維持孕媽媽身體功能正常 ■ 使寶寶身體各組織結構正常生長 ■ 改善寶寶體重，避免身形矮小或過輕
主要食物來源	• 肉及家禽（如瘦牛肉、雞胸肉） • 魚及海產（如三文魚、八爪魚、蝦） • 蛋及奶類製品 • 豆類（如大豆、黑豆、鷹嘴豆、毛豆） • 果仁和種子（如花生、南瓜籽、葵花籽、藜麥、奇亞籽） 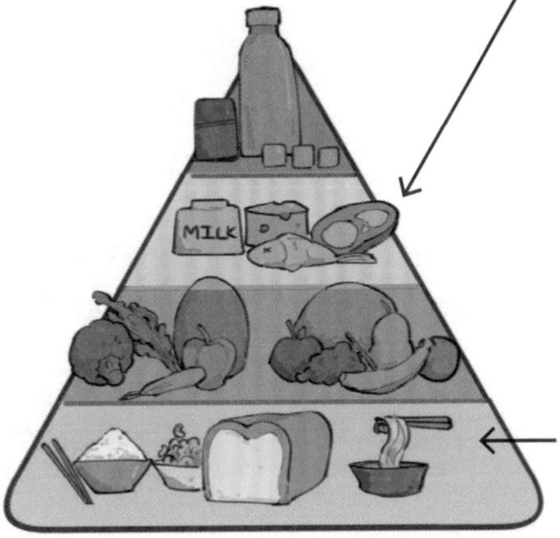 MILK 穀物（如脫殼燕麥）
使用補充劑？	不需要 ■ 素食的孕媽媽要特別注意蛋白質攝取量，如有需要，可向醫生或營養師諮詢

viii 鋅

每日攝取量	9-12 毫克（mg）
作用	■ 維持免疫系統正常運作 ■ 促進傷口癒合 ■ 幫助寶寶生長發育，預防腦部及性器官發育不良
主要食物來源	• 肉類及動物肝臟（如牛肉、羊肉、豬肝、鴨膠） • 甲殼類海產（如蠔） • 雞蛋 • 堅果（如葵花籽、松子仁、腰果、白芝麻） 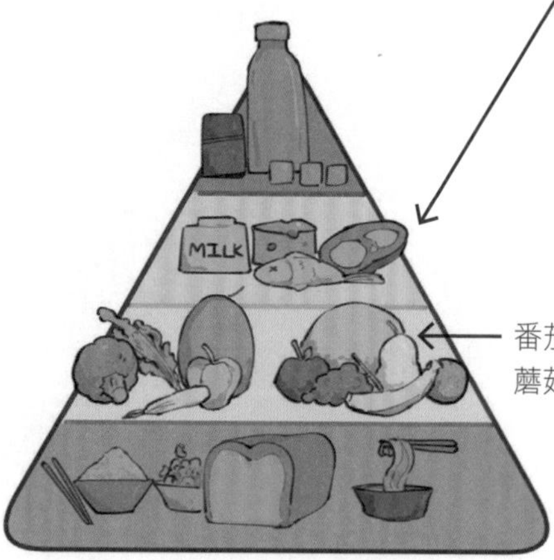 MILK 番茄乾、乾冬菇、蘑菇、菠菜
使用補充劑？	不建議 ■ 富含鐵質的食物一般亦含有鋅，孕媽媽可多食用 ■ 過量的鋅會阻礙身體吸收及利用其他微量元素，損害人體免疫功能及引起中毒反應

ix 奧米加 3 脂肪酸

每日攝取量	最少 200 微克（mcg）
作用	■ 分為 DHA 和 EPA 兩種，DHA 有助寶寶腦部發育和視力發展 ■ 懷孕中後期及哺乳期增加攝取，有助寶寶發育 ■ 每天攝取 1000 微克（mcg）可減少早產機會[6]
主要食物來源	• 含奧米加 3 脂肪酸豐富的魚類（如三文魚、沙甸魚、寶石魚、鰻魚和黃花魚[7]） • 含較豐富 DHA 的魚類（如紅衫魚、秋刀魚、鯧魚） • 種子和堅果（如亞麻籽、核桃） 芥花籽油 MILK
使用補充劑？	★★★★ ■ 如選用含 DHA 的補充劑，應先諮詢醫護人員，根據指引服用

6 Carlson, SE. *Higher dose docosahexaenoic acid supplementation during pregnancy and early preterm birth: A randomised, double-blind, adaptive-design superiority trial.* EClinicalMedicine. 2021. (https://doi.org/10.1016/j.eclinm.2021.100905.)

7 孕媽媽要留意深海魚或含有重金屬（例如水銀），避免過量吸收，影響胎兒發展。

3 中醫篇：有助固胎、護胎的食物與體質選食

孕媽媽和寶寶的健康同樣重要，維持妊娠的需要、緩解妊娠不適症狀、確保胎兒良好發育等，都是食養的目的。

孕媽媽有足夠的氣血精津，才能得以供給寶寶足夠的養分，讓胎兒穩固，健康成長！

食養原則

益孕母與安胎並舉

i 了解孕期生理變化，緊記食養目標

要明白如何調養，首先要知道一些孕媽媽的生理特點和變化。

當了解孕媽媽的氣血以及臟腑需要，我們發現維持陰陽平衡，以及保持肝脾腎三臟運作正常，都十分重要。

（有關孕媽媽生理變化的資訊，請參看第 8 章：早孕常見不適點處理？第 146 頁。）

食養目標

調和陰陽、補氣養血、調肝脾腎

調和陰陽

「陰陽」是傳統中醫學一個重要的概念，例如火為陽，水為陰，人體的氣屬陽，血屬陰。只要體內「陰陽平衡」，基本上致病因素就難以對身體造成影響。

可是，由於生活習慣、環境等各種因素，加上懷孕的生理變化，孕媽媽往往難以處於陰陽平衡的狀態，因而出現各種不適症狀或令胎兒失穩健。

飲食調配，即透過不同性味（四性[8]）的食物，幫助調整陰陽，達致平衡。

8 食物的四性是數千年以來由歷代醫學家根據食物和藥物對人體所產生的反應和作用整理出來的，包括寒、熱、溫、涼四種屬性，而性質較為平和，寒涼或溫熱程度不明顯的食物，可被歸類為「平性」。雖然食物的屬性實際上是分為寒、涼、平、溫、熱五種，但習慣上仍統稱為「四性」。

四性	意思
寒涼	能減輕或消除熱證[9]的食物屬性，其中以寒性食物比涼性的作用更強。
平	寒涼或溫熱程度不明顯，性質較為平和。
溫熱	能減輕或消除寒證[10]的食物屬性，其中熱性食物的功能程度較溫性的強。

有助寶寶發展的常見食材		
寒涼	平	溫熱
菠菜、莧菜、車厘茄、紫菜、黃豆芽、檸檬、鴨血、豬肉、小米、麥皮、芝士、乳酪、牛奶、豆腐等	芥蘭、紅蘿蔔、南瓜、番薯、西蘭花、菜心、馬鈴薯、粟米、山藥、冬菇、雞蛋、秋刀魚、黃姑魚、鯧魚、黃花魚、寶石魚、蘋果、豬血、烏雞肉、木瓜、葡萄乾、無花果乾、甜杏仁、花生、黑芝麻、南瓜子、腰果、亞麻籽、紅腰豆、鷹嘴豆、沙甸魚、三文魚[11]等	海蝦、石斑、豬肝、牛肉、雞肉、車厘子、龍眼、黑棗、核桃等

9 熱證屬陽，臨床表現常見有：惡熱喜冷，口渴喜冷飲，面紅目赤，煩躁不寧，痰涕黃稠，流鼻血，小便短赤，大便乾結，舌紅苔黃而乾燥，脈數等。有實熱及虛熱之分，症狀略有不同。

10 寒證屬陰，臨床表現常見有惡寒喜暖，面色晄白，肢冷蜷臥，口淡不渴，痰涎、涕清稀，小便清長，大便稀溏，舌淡苔白潤滑，脈遲或緊等。有實寒及虛寒之分，症狀略有不同。

11 亦有說法沙甸魚性偏涼，三文魚性偏溫。

補氣養血

比起沒有懷孕的婦女，孕媽媽對氣血有額外的耗用與需求。因此，進食一些具有補益氣血作用的食物，可以幫助孕媽媽生化更多的氣血，支持身體機能並供養寶寶。

另外，補氣有助化生和推動血液循行，補血又有助氣的製造和功能維持[12]，相輔相成。

具有補氣或養血作用的食物			
食物作用	食物性味		
	寒涼	平	溫熱
補氣	豆腐、竹笙、小麥、莭瓜、生魚、針魚	眉豆、白米、蓮子、山藥、番薯、芋頭、黨參、南瓜、鯽魚、栗子、黃花魚、冬菇、猴頭菇、鴨肉、鱒魚、鴿、豬舌、比目魚、烏頭魚，鱸魚、黃豆、鵝肉	雞肉、糯米、小米、鵪鶉
養血	桑椹、牛奶、豬皮	豬血、豬蹄、魚鰾、塘虱、海參、八爪魚、墨魚、腰果、杞子、雞蛋、亞麻籽、黑芝麻、蠔	石斑、乾貝、青口、松子、豬肝、覆盆子
氣血雙補	/	葡萄、桂花魚、烏雞、番薯葉、鯧魚	車厘子、蚶、紅棗、龍眼、黃鱔、羊肉、牛肉

12「氣為血之帥，血為氣之母」，氣血關係非常密切，互相依賴。氣有推動、激發、固攝等作用。氣和津液組成血液，來運化脾胃的水穀精氣，且氣能行血，並使血液行於脈中，不溢出於脈外；血有營養、滋潤等作用。血能運載氣，且不斷為氣的提供營養物質，維持其功能。

調肝脾腎

根據中醫五行學說，肝脾腎三臟功能關係密切，環環相扣，不能忽略任何一臟。

調肝脾腎食物一覽表		
調肝[13]	健脾	補腎
■ 疏肝：合掌瓜、烏塌菜、枝豆、佛手柑、茉莉花等 ■ 養肝：甘筍、金菇、覆盆子、桑椹子、杞子、豬肝、牛筋、鴨血、虱目魚、鱸魚、蚌、蟶子、青口、雞蛋黃、菠菜等； ■ 平肝或清肝：番茄、豌豆苗、蘑菇、芹菜、洋薊、芥蘭、枸杞葉、薺菜、鯇魚、金鼓魚、海螺、海蜇、鴨蛋、菊花等	栗子、芡實、眉豆、花豆、黃豆、黑米、白米、糙米、糯米、蠶豆、大麥、蕎麥、西米、花生、榛子、腰果、蓮子、番薯、芋頭、山藥、西蘭花、椰菜花、羽衣甘藍、豆角、甘筍、番薯葉、節瓜、千寶菜、粟米筍、猴頭菇、菱角、珍珠菇、秀珍菇、金菇、甜椒、椰子、番石榴、無花果、荔枝、大棗、車厘子、豬舌、牛肚、豬肚、豬肝、比目魚、秋刀魚、白鱔、剝皮魚、鱈白、三角魴、鯰魚、鯽魚、鯉魚、烏頭魚、鱒魚、泥釘、迷迭香等	小米、栗子、腰果、眉豆、蓮子、核桃、黑豆、韭菜[14]、韭黃、椰菜、覆盆子、車厘子、椰子、豬腎、黃花魚、塘虱魚、白鱔、花鰔、紅衫魚、魚鰾、泥釘、扇貝、乾貝、蝦等

---

13 調肝包括「疏肝」（疏散鬱結的肝氣）、「養肝」（補養不足的肝血或肝陰）、「平肝」（平抑亢進的肝陽）、「清肝」（清泄多餘的肝火）等，宜根據實際情況決定調肝的方法。

14 黑豆性平，能補腎，但有少許活血利水作用。韭菜性質偏溫，且有行血作用，初孕及陰虛內熱者不宜。

除了護養肝、脾、腎三臟，處理這三臟異常所引起的變化也要需要的。譬如脾氣虛弱，身體不能正常運化水液，可令濕氣積聚，在健脾的同時還要化濕。

肝氣暢通、肝血充足、肝氣升發有度，讓孕媽媽心情好，寶寶亦可獲得合理的滋養。

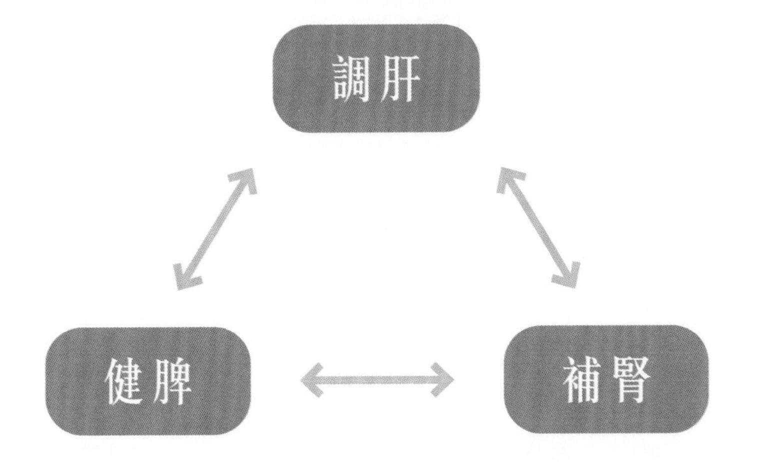

脾氣充足以及運作正常，氣血才能化生及輸布，供養孕媽媽和寶寶。

孕媽媽腎氣充足，寶寶先天稟賦（如智力和體魄等）強健。

ii 根據體質選擇食物，配合實際需要

補益氣血和固護臟腑是基礎原則，但最重要的是能配合孕媽媽的體質。只有了解孕媽媽的體質情況，才能選擇和配搭合適性味的食材，讓孕媽媽的身體達到陰陽平衡，使寶寶更健壯。

（了解自己的體質，請參看附錄：「學」多一點 —— 九型體質知多點，第 97 頁。）

食養策略

能夠調節體質的食物性味 ＋ 能夠緩解症狀的食材功效

孕媽媽個體體質不同，懷孕後的身體反應自然也不一樣，即使有一些食物在營養學角度對寶寶有益，從傳統醫學角度，吃多了也有可能不利於懷孕過程。

例如比較寒涼或者具有滑腸通便作用的莧菜、牛奶、香蕉，對於熱型和陰虛體質（容易覺得口乾、咽痛和便秘）的孕媽媽是有益的，但對脾胃虛弱的人來説，可能引致腹痛、泄瀉，損傷胎氣。又例如，寒型、陽虛、血虛的孕媽媽手腳冰冷，常尿頻尿急，吃了偏於溫補的荔枝、龍眼、紅棗、牛肉等會感舒服，且有助胎元，但熱型、陰虛、痰濕、鬱型體質的人吃了，則可能容易上火，耗傷陰津，使不足以滋養胎兒，嚴重者可能血熱動血，引致陰道出血。

只要孕媽媽的飲食多樣化，不過多或規條式進食某些食物，同時認識不同食材的性味和功效，作出合理配搭[15]，就可避免出現陰陽失衡、氣血失調。

體質	飲食調護方法	養胎食材舉例
熱型	清熱	莧菜、車厘茄、菠菜、無花果、豆腐
寒型	溫中散寒除濕	生薑、紫蘇、牛肉、黃鱔、艾葉
陰虛	滋陰潤燥清熱	蘋果、小米、牛奶、秋刀魚、鮑魚
陽虛	益腎溫陽	龍眼、核桃、蝦、黑棗、覆盆子
氣虛	健脾益氣	南瓜、番薯、馬鈴薯、山藥、雞肉
血虛	補血養血	豬肝、葡萄乾、黑芝麻、雞蛋、蠔
痰濕[16]	利水祛濕化痰	陳皮、黃豆芽、木瓜、海帶、扁豆

中醫話

“中醫護胎的最佳方案”

適當地**補益氣血、健脾理氣、滋養肝腎**，貫徹整個妊娠期，並按孕媽媽的實際身體需要有所側重。

根據孕媽媽體質情況，配以不同方法（如清熱、溫中、行氣、化濕等）調護，以及避免進食不相宜的食物。

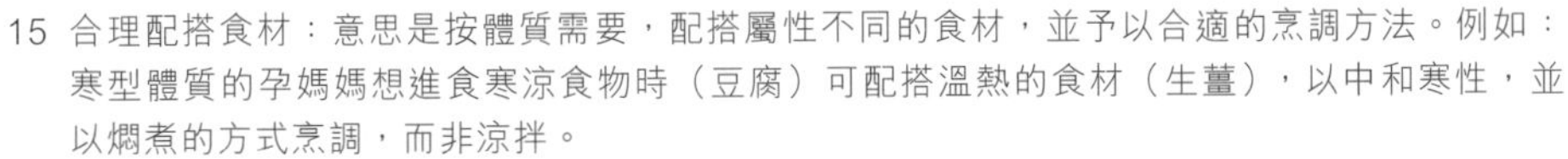

15 合理配搭食材：意思是按體質需要，配搭屬性不同的食材，並予以合適的烹調方法。例如：寒型體質的孕媽媽想進食寒涼食物時（豆腐）可配搭溫熱的食材（生薑），以中和寒性，並以燜煮的方式烹調，而非涼拌。

16 痰濕、血瘀、鬱型體質常兼有寒或熱的偏重，選取食材時應留意食物的性味。另具有活血作用的食材要小心使用，不要大量食用。

懷孕期間的健康飲食計劃

各位孕媽媽在認識身體營養及體質需求後，就要進一步計劃和實踐，踏上健康飲食之路。

食好，孕好，寶寶自然好！

1 健康飲食的基礎要點

孕媽媽怎樣才稱得上食得健康？最基本要達到以下條件！

✓ 吃多種多樣的食物，不偏食。

✓ 每天的食物均包括：
- 穀物類；
- 蔬菜和水果類；
- 肉 / 魚 / 蛋和奶類及代替品。

✓ 選擇吃營養豐富的天然食材。

✓ 少吃高熱量、營養價值低的食物，如汽水、加糖的飲料、雪糕、糖果餅乾、酥餅、蛋糕、速食或快餐食品（如香腸、即食麵）等。

✓ 避免高油、高鹽、油炸類等食物，或過量的蛋白質及脂肪，以免影響孕媽媽健康或引致胎兒過大。

✓ 口味宜清淡，不宜濃厚；食物性質宜平和，不宜偏極。

✓ 根據孕期不同階段特別的營養需求以及體質情況選取食材。

✓ 注意飲食衛生及禁忌。

小提示

三個月大的胎兒已長出味蕾，與媽媽一同品嘗食物的味道。
多吃蔬果、少吃零食，有助養成寶寶健康飲食的口味。

② 孕期營養均衡餐單具體建議

i 按懷孕期的需要進食

- 懷孕首三個月，額外需要的熱量較少，比懷孕前約增加 50 至 100 卡路里便可，例如一塊方包、一杯低脂牛奶、一隻中型焓蛋。
- 懷孕中期開始，額外需要更多熱量和營養素，孕媽媽應按照個人情況，根據均衡飲食的原則進食。

ii 營養均衡的孕期飲食方案

最常見的均衡飲食原則就是健康飲食金字塔，用以指導進食食物種類的比例，以攝取相對均衡的營養。

比起懷孕前與懷孕初期，懷孕中後期的孕媽媽對營養需求量略有增加。

以下建議的份量是以懷孕前體重 45 至 60 公斤；身體質量指數（Body Mass Index, BMI）為 18.5 至 22.9；未懷孕時和懷孕期內間中有少量體能活動的女士一天所需來計算。

	食物種類	懷孕前及 懷孕初期	
吃最少	油脂、糖、鹽	少量 植物油 <2 茶匙 / 餐； 鹽 <1 茶匙 / 天	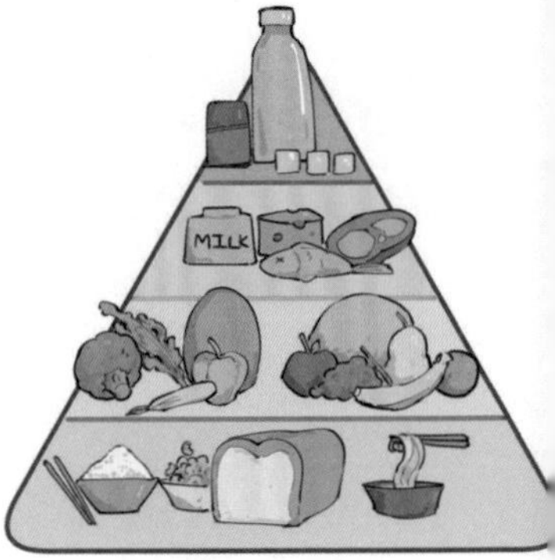
吃適量	奶類及代替品	1 至 2 份	
	肉、魚、蛋 及代替品	5 至 6 份	
吃多些	水果類	2 份或以上	
	蔬菜類	3 份或以上	
吃最多	穀物類	3 至 4 份	
要避免	咖啡、茶或含咖啡因的飲料	**不宜**	
要足夠	流質	6 至 8 杯	

<table>
<tr><th>懷孕中後期</th><th>智選食材小貼士</th></tr>
<tr><td>少量
植物油 <2 茶匙 / 餐；
鹽 <1 茶匙 / 天</td><td>採用植物油；
用含碘食鹽。</td></tr>
<tr><td>2 份</td><td>選擇低脂或脫脂的產品；注意食物添加劑成分。</td></tr>
<tr><td>5 至 7 份</td><td>選擇去皮、去脂肪的肉類；
選擇非油炸和低鹽的豆類製品；
選擇甲基汞含量低的魚類；
避免選用醃製、鹽分高的加工食物。</td></tr>
<tr><td>3 至 4 份</td><td rowspan="2">吃不同顏色的蔬菜及水果，攝取多種營養素和各種有助健康的植物化學物質；
多吃鐵、鈣、胡蘿蔔素含量較多的深綠色蔬菜。</td></tr>
<tr><td>4 至 5 份</td></tr>
<tr><td>3 1/2 至 5 份</td><td>選擇全穀麥類，如糙米、紅米、全麥麵包：維他命、食用纖維較多，可增加飽腹感、減少便秘。</td></tr>
<tr><td>儘量減少</td><td>考慮飲用脫咖啡因的咖啡或奶茶，因市售的咖啡、奶茶、汽水、朱古力、能量飲品等，個別咖啡因濃度較高，喝一杯已過量，可能增加胎兒發育遲緩、流產、嬰兒體重過輕的風險。</td></tr>
<tr><td>8 杯</td><td>按天氣和運動量調整份量；
宜選白開水、清湯。</td></tr>
</table>

怎樣計算 1 份食物？[17]		
穀物	■ 飯 1 碗 ■ 米粉 1 碗 ■ 麵 1 1/4 碗 ■ 意粉 1 1/2 碗 ■ 連皮方包 2 片 （約 100 克）	
蔬菜	■ 煮熟的瓜菜 1/2 中號碗[18] ■ 未經烹煮的蔬菜 1 中號碗	
水果	■ 2 個小型水果：布冧 / 奇異果 ■ 1 個中型水果：橙 / 蘋果 / 梨（女士拳頭大小） ■ 水果粒 1/2 杯	
肉、魚、蛋及代替品	■ 未熟肉類 40 克（或約 1 兩） ■ 熟肉 30 克（約 1 個乒乓球大小） ■ 雞蛋 1 隻 ■ 豆腐 1/4 磚 ■ 煮熟的黃豆 4 湯匙 ■ 其他煮熟的豆類 6-8 湯匙	
奶類及代替品	每份含鈣量約 300 毫克（mg）的食物： ■ 奶 1 杯（250 毫升） ■ 芝士 2 片 ■ 乳酪 1 盒（150 克）	含鈣量高的食物： ■ 加鈣豆奶 1 杯 ■ 板豆腐半磚 ■ 豆腐花 1 碗 ■ 罐頭連骨沙甸魚 3 條 ■ 芝麻 3 湯匙 ■ 深綠色的葉菜

17 資料來源：衞生防護中心網頁。

18 中號碗的容量約 250 至 300 毫升。

孕媽媽的飲食禁忌

知道吃甚麼對自己和寶寶健康是不足夠的，孕媽媽還要知道準備懷孕和懷孕時，應避免吃甚麼，才能更有把握讓「母子平安」。

1 酒精飲料

酒精會妨礙胎兒發育，對智力和身體成長有永久影響，所以無論啤酒、葡萄酒或烈酒，也應避免。

2 水銀（甲基汞）含量較高的魚類

胎兒、嬰兒和幼童發育中的腦部及神經系統特別容易被水銀的毒性所損害，因此，孕媽媽要適量及輪流進食不同類型魚類，並小心選擇，以減低風險。

水銀含量較低的魚

如：體型較小的魚（1 斤以下）、養殖魚、淡水魚等，如鯇魚（草魚）、鯪魚、烏頭，以及三文魚、沙甸魚、池魚、大口鮫（鯖魚）、紅衫魚、秋刀魚、鯧魚、馬頭、木棉（大眼雞）等。

體型較大的捕獵魚類，或其他水銀含量較高的魚類

如：鯊魚、劍魚、旗魚、大王馬鮫魚、藍鰭吞拿魚、大眼吞拿魚、長鰭吞拿魚、黃鰭吞拿魚、金目鯛、橘棘鯛、波鮋、單帶海緋鯉（秋姑、鬚哥）等。

3 未經煮熟的食物

未熟的食物較容易受李斯特菌感染，若懷孕時感染李斯特菌，可能導致流產、胎兒夭折、早產或令新生嬰兒出現嚴重健康問題。

因此，孕媽媽進食時，必須**徹底煮熟食物**，特別是海產、肉類和蛋，即可預防李斯特菌感染。外出用餐時，亦應避免生食，應吃「即叫即煮」、「新鮮滾熱辣」的食物！

當受到李斯特菌感染，身體會出現類似感冒病徵、發冷、發熱、頭痛、背痛和咽痛，但亦可能在沒有症狀的情況下，嚴重影響腹中寶寶。

孕媽媽宜避免進食以下食物
✕ 任何類型的刺身
✕ 冷凍的即食海產和肉類
✕ 冷熏海產，如煙三文魚
✕ 含肉類的塗醬
✕ 預先配製的沙律
✕ 軟雪糕
✕ 軟芝士，例如菲達芝士（Feta）、布利芝士（Brie）、金銀畢 / 金文拔芝士（Camembert）、藍紋芝士（Blue Cheese）
✕ 未經殺菌處理的牛奶及製成的食物
✕ 已過期的冷藏食物

4 油膩、腥辛的食物

建議孕媽媽進食肉類時去肥剩瘦，**採用低油量的烹調方法**，如蒸、燉、焗、烚、白灼等，減少煎炸，可用易潔鑊煮食。

油膩、辛辣、腥臭的食物易使燥熱內生，胞宮積熱可引致胎熱、胎動，嬰兒出生後可能出現身熱、面赤、煩躁、驚風、皮膚瘡瘍、黃疸等情況。

另外，辣椒、花椒、胡椒、小茴香、八角、桂皮、五香粉等調味料較辛燥，容易消耗腸道水分，而使胃腸分泌減少，造成胃痛、痔瘡、便秘。孕媽媽腸胃不適、屏氣排便都可使腹壓增加，壓迫子宮內的胎兒，增加造成胎動不安的機會。

5 濃味、醃製、含味精或添加劑的食物

這些食物可對身體構成負荷，例如高鈉食物影響孕媽媽血壓；味精可使身體缺鋅等。而食品添加劑對胎兒構成的影響亦是未知之數。

6 古代傳統忌食的食物

古代的醫書或文獻記載了很多孕媽媽應避免或少吃的食物，是根據古時的習俗、思想理論或孕產經驗結集而得，未必有現代科學研究理據支持，但孕媽媽也可參考一下。

（請參看附錄：「謹慎」多一點 —— 古代傳統禁忌食物快點查，第 107 頁。）

吃任何食物，都應以孕媽媽身體實際狀況為首要考慮，孕媽媽毋須因傳統禁忌提心吊膽，影響心情。

7 妊娠慎用或禁用的中藥

其實妊娠期間，有許多中藥是不可使用或須謹慎應用的，例如活血化瘀藥、清熱解毒藥、行氣祛風藥或性質滑利的中藥。

舉例說，薏苡仁能健脾祛濕，但古籍記載其有下泄之性，妊娠婦女不宜，加上現代研究表示薏苡仁油有興奮子宮的作用，或有機會刺激子宮收縮。因此，孕媽媽們（尤其是懷孕初期）要避免胡亂或大量食用。即使屬痰濕體質，也要注意使用時機和用量。

（請參看附錄：「提防」多一點 —— 妊娠慎用或禁用中藥快點查，第 109 頁。）

「學」多一點

九型體質知多點

「醫師，我係寒底定熱底？」眾所周知體質可分寒與熱，但事實並非如此簡單，基本體質最少可分九種。

怎樣才得知自己的體質？

孕媽媽可以仔細地閱讀以下九個體質量表。在體質量表中，把你經常出現的症狀細項以 ✓ 作記錄。✓ 的記錄越多，表示你屬於該型體質的可能性越高。

你是寒型體質嗎？

☐ **怕冷：**怕風怕冷，秋冬季節特別明顯。

☐ **無汗：**運動或體力勞動後，很少流汗。

☐ **頭痛：**反覆或持續出現頭痛，且感覺隱隱作痛，遇風寒後更嚴重。

☐ **喘咳：**容易出現咳喘、咽喉癢，痰看起來清而稀，吃生冷食物後症狀會加重。

☐ **抽筋：**四肢肌肉容易感到僵硬或抽筋。

☐ **四肢冰冷：**手腳容易冰冷，秋冬季節更加明顯。

☐ **腹痛腸鳴：**腹部經常出現疼痛，感覺腸時常蠕動且有聲音，遇風寒或吃冰冷食物後加重。

☐ **疲倦乏力：**時常感到疲倦乏力，喜歡臥床休息。

☐ **面色蒼白：**臉色和唇色看起來淡白，無光澤。

☐ **大便稀爛：**大便容易稀爛呈水狀，臭味不明顯。

☐ **嘔吐清水：**味覺變遲鈍，常有反胃感，胃悶、噁心，想吐卻無嘔吐物，就算有也是以唾液為主。

☐ **身體局部冷痛：**身體局部反覆出現疼痛，起病緩慢，有冰冷感覺。

你是熱型體質嗎？

- ☐ **發熱：**自覺發熱或體溫不由自主地升高。
- ☐ **怕熱：**喜歡陰涼的地方，喜穿着短袖短褲或用冷水洗澡。
- ☐ **煩渴：**煩躁不安，喜歡喝大量冷飲。
- ☐ **躁狂：**心情煩躁，性急激動，容易發脾氣，聲音高亢，時常感到心煩、失眠。
- ☐ **面紅目赤：**常滿臉通紅，眼睛容易乾澀刺痛或長瘡。
- ☐ **口舌糜爛：**口腔容易出現較大範圍潰瘍，但通常在一週內可自癒。
- ☐ **口苦咽乾：**口有苦澀味，咽喉經常感到乾燥。
- ☐ **牙齦腫痛：**牙肉腫痛，嚴重時會出現牙肉流血。
- ☐ **大便秘結：**便秘，大便乾硬，呈粒狀，較臭，嚴重時會出現肛裂、出血的情況。
- ☐ **小便短赤：**小便量少，色深黃，偶爾在小便時會有灼熱感。
- ☐ **瘡疔癰腫：**容易出現暗瘡及痔瘡等，且瘡會有紅腫熱痛現象。
- ☐ **分泌物黏臭：**如口臭、汗臭、白帶有異味，或痰液、鼻涕質黏而黃。

你是氣虛型體質嗎？

- ☐ **心悸：**靜止時感到心臟悸動，有害怕感或離心感（從高處墜落的感覺），伴隨有心律增快。
- ☐ **自汗：**靜止或非劇烈運動時，汗液增多，甚至是大汗淋漓，但汗嚐起來淡且無味。
- ☐ **神疲乏力：**精神欠佳，自覺疲勞無力，易打瞌睡。
- ☐ **呼吸短促：**用力呼吸時，吸氣的時間短，易有缺氧感，活動後易氣喘。
- ☐ **語聲低微：**聲音弱小，沒有氣力大聲説話。
- ☐ **反覆感冒：**近三個月內多次感冒，或反覆不痊癒，出汗或遇風後就容易感冒。
- ☐ **少氣懶言：**不想説話或自覺無氣力説話，説話過程經常間斷。
- ☐ **食慾減退：**食慾減少或無食慾。
- ☐ **面色㿠白：**面部浮腫，且臉色淡白、暗啞、無光澤。
- ☐ **頭暈目眩：**容易頭暈，眼前的景象常有轉動的感覺，走路時感覺腳步輕浮，活動後頭暈加重。
- ☐ **內臟下垂：**肌肉或內臟下垂，如胃下垂、子宮下垂和脱肛等。
- ☐ **便秘：**排便時困難或數天一次，很費力才能排出，但大便質軟，或先硬後軟，或有腹脹情況。

你是血虛型體質嗎？

- □ **心悸：**靜止時感到心臟悸動，有害怕感或離心感（從高處墜落的感覺），伴隨有心律增快。
- □ **失眠：**入睡困難，多夢易醒，伴有害怕感。
- □ **脫髮：**髮質差，枯黃易折斷，出現不正常掉髮現象。
- □ **崩甲：**指甲容易折斷或崩裂。
- □ **面色淡白：**面色淡白或淡黃，皮膚暗淡，沒有光澤。
- □ **頭暈目眩：**容易頭暈，常有眼前景象轉動的感覺，走路時感覺腳步輕浮，活動後頭暈加重。
- □ **手足發麻：**手或腳有麻痹感覺，可能會間斷性出現，手腳稍微活動後可自行緩解。
- □ **皮膚乾燥：**皮膚經常在沒有原因的情況下，出現乾燥、瘙癢，常伴有脫屑的現象。
- □ **心神恍惚：**心不在焉，經常健忘。
- □ **視物模糊：**視力下降，甚至出現夜盲。
- □ **月經不調：**女子月經量少，顏色淡紅，經期短，週期不正常，嚴重者甚至提早停經。
- □ **眼瞼唇甲淡白：**眼瞼、口唇或指甲顏色淡白、無血色。

你是陰虛型體質嗎？

- ☐ **盜汗：**在正常室溫下，入睡後，不自覺地出汗，但醒來後卻不會。
- ☐ **體形消瘦：**身體長期消瘦，時常有飢餓感，但又易飽，難進食很多。
- ☐ **口燥咽乾：**口腔或喉嚨長期有乾燥、口渴感，喝水量不多，喝一點水後就能緩解，但症狀很快又出現，秋冬季節加重。
- ☐ **眩暈耳鳴：**頭暈有旋轉感，常伴有耳鳴。
- ☐ **失眠健忘：**入睡困難，多夢易醒，常伴有煩躁感，記憶力減退。
- ☐ **心煩心悸：**心情煩躁，常感覺到心臟悸動，伴有離心感（從高處墜落的感覺）或心律增快。
- ☐ **骨蒸潮熱：**下午後自覺發熱，體溫正常或稍高，常感到熱從骨內透出。
- ☐ **五心煩熱：**手心、腳底或胸口發熱，伴有煩躁感。
- ☐ **午後顴紅：**下午後，兩顴骨位置時常會變紅、發熱。
- ☐ **尿少色黃：**尿量變少，或呈黃色。
- ☐ **大便乾結：**大便乾，質感稍硬，或長期出現便秘。
- ☐ **生理不調：**女子月經不調、經量少；男子常出現遺精。

你是陽虛型體質嗎？

- □ **畏寒：**經常出現嚴重怕冷的情況。
- □ **無汗或自汗：**完全沒有汗，即使天氣熱，出汗也不多；亦可在靜止或非劇烈運動時，汗液增多，甚至是大汗淋漓，但多為無色無味。
- □ **四肢冰冷：**手腳容易冰冷，秋冬季節更加明顯。
- □ **面色晄白：**面部浮腫，且臉色淡白、暗啞、無光澤。
- □ **倦怠乏力：**容易出現疲勞無力的感覺，常伴有嗜睡。
- □ **少氣懶言：**不想説話或自覺無氣力説話，説話過程經常間斷。
- □ **口淡不渴：**味覺遲鈍，且偏愛口味重的食物，沒有口渴感，甚至討厭喝水。
- □ **喜喝熱飲：**喜歡喝熱飲。
- □ **喜居溫暖：**喜歡處於溫暖的地方。
- □ **小便清長：**小便量多，顏色透明或小便時間很長。
- □ **大便溏薄或秘結：**腹部脹滿，大便不能成形，呈水狀，有時會夾雜未消化食物，多不甚臭。少部分人會出現便秘，質乾難排。
- □ **性功能減退：**男子容易出現腰膝酸軟，重者可能有陽痿、早洩狀況；女性性慾低。

你是痰濕型體質嗎？

- ☐ **面色萎黃：**面色淡黃而黯啞，常伴有眼瞼微浮腫、困倦的臉色。
- ☐ **身體肥胖：**長期肥胖，就算節食減肥也沒有太大功效，皮膚油脂較多，汗液感覺黏黏的。
- ☐ **頭身困重：**感覺頭很重，如同罩着一頂安全帽，常伴有身體沉重感。
- ☐ **咳嗽痰多：**容易咳嗽，痰量增多，痰質多成塊狀易咯，痰出咳止。
- ☐ **食慾減退：**食慾減退或無食慾。
- ☐ **胃脘脹滿：**胃部出現脹滿感，可能伴有噁心、嘔吐，吃了肥膩甜食後感覺加重。
- ☐ **嗜睡懶動：**自覺疲勞沉重，不愛活動，喜愛睡覺和休息。
- ☐ **四肢浮腫：**四肢經常腫脹，起床後更甚，嚴重時手按皮膚會出現凹陷。
- ☐ **肌膚麻木：**觸摸局部皮膚時，可能會出現敏感度降低的狀況。
- ☐ **小便不利：**小便有不暢感，偶伴有尿量減少的情況。
- ☐ **大便溏爛：**大便次數增多、稀爛，常伴大便質黏[19]。
- ☐ **婦女白帶過多：**婦女分泌物增多，色黃或色白，質黏稠。

---

19 痰濕體質人士大容易腹瀉，大便不成形，或質軟、質黏。若體質偏熱，大便較臭，或伴肛門灼熱感；如體質偏寒，則大便不臭，或伴腹中冷痛後瀉，進食生冷易發。

你是血瘀型體質嗎？

- □ **面色晦滯：**面色瘀黑、暗澀，無光澤。
- □ **唇色紫黯：**唇色紫黯，外觀看起來可能有瘀青的小點。
- □ **面有瘀斑：**面部出現瘀斑，如黃褐斑、色斑。
- □ **肌膚甲錯：**全身或局部皮膚乾燥、粗糙、脱屑，觸之棘手，形似魚鱗。
- □ **皮下出血：**皮膚下容易出血，常伴有瘀斑，經常容易撞瘀。
- □ **情志鬱結：**情緒低落，心情抑鬱。
- □ **毛髮不榮：**頭髮乾枯，容易分叉，無光澤。
- □ **疼痛拒按：**身體反覆出現針刺般的疼痛，痛處固定不移，按壓時疼痛加重。
- □ **靜脈曲張：**下肢易出現出血點，常見靜脈曲張。
- □ **病理包塊：**體內易出現包塊或腫物，如息肉、肌瘤和惡性腫瘤等。
- □ **黑色大便：**出現黑色血便，偶可見少量血塊。
- □ **月經不調：**月經出現血塊，或有痛經，甚則閉經（指尚未停經，但月經停止超過 6 個月以上）。

你是鬱型體質嗎？

- □ **頭痛：**經常出現頭痛，煩躁和憤怒後情況加劇。
- □ **善喜嘆息：**喜歡嘆氣，嘆氣後自覺舒暢。
- □ **精神抑鬱：**情緒低落，心神恍惚，敏感多疑，臉上看起來很憂鬱，神情多煩悶不樂。
- □ **煩躁易怒：**情緒不穩，脾氣不佳，容易急躁、發怒。
- □ **胸脅疼痛：**胸脅肋骨出現脹痛。
- □ **失眠健忘：**入睡困難，多夢易醒，經常出現噩夢，易健忘。
- □ **心悸膽怯：**多疑易驚，靜止時感到心臟跳動，常伴心律增快。
- □ **食慾減退：**食慾欠佳或無食慾。
- □ **乳房脹痛：**經前乳房脹痛明顯，情緒波動後，症狀會加重。
- □ **寒熱失調：**不知寒熱，對寒熱感覺紊亂。
- □ **大便失調：**經常出現腹痛，常伴大便次數紊亂，偶有便秘或大便稀爛。
- □ **咽中有異物感：**咽喉中有異物堵塞的感覺，吞之不下，吐之不出。

附錄

「謹慎」多一點

古代傳統禁忌食物快點查

很多古代的醫書都有記載孕媽媽不可吃或應少吃的食物。例如《竹林女科證治》述：「食兔肉，令子缺唇。食薑芽，令子多指。食螃蟹，令子橫生……他若麥芽、大蒜最消胎氣。薏米、莧菜亦易墮胎……」當中有取類比象、有觀察所得、有按中醫學推論的，也有實際的經驗之談。

以下綜合和整理了一些古籍文獻所記載的飲食禁忌，孕媽媽不妨一看。古籍所記載的食物未經科學考證，部分亦未必適用於現代的飲食習慣（如狗肉、雀肉），但不妨作個參考，謹慎一點，安心一點。

古籍或文獻記載的孕媽媽禁忌食物

1-5 劃	6-10 劃	11-15 劃	16-20 劃
大蒜、山羊肉、田雞等	冰、羊肝、兔肉、狗肉、泥鰍、馬肉、莧菜、蚌、酒等	乾鯉魚、菇菌、麥芽、雀肉（加豆醬）、野鴨肉、梨、麻雀肉等	鴨蛋、薏米、薑芽、雞子、雞肉、雞肉（加糯米）、雞蛋（加糯米）、蟹、騾肉、鱉、鱔、驢肉等

此外，一般來説，懷孕期間可避免或減少進食一些具滑利性質、活血作用或影響胎兒的食物。

從中醫學角度看孕媽媽的食物禁忌

1-5 劃	6-10 劃	11-15 劃	16-20 劃
大蒜、山楂、月季花、木耳、水魚（鱉）	羊肉、肉桂、西洋菜、杏、豆腐皮、咖啡、紅糖、茄子、韭菜、桃、海帶、烏頭魚、酒、馬齒莧	深海魚（如吞拿魚、劍魚）、麥芽、黑豆、慈菇、蜂皇漿、榴槤、蒟蒻、潺菜、糊類（芝麻糊、杏仁糊）、蓮藕、醋	薏米、羅勒、蟹、蘆薈、釋迦

附錄

「提防」多一點

妊娠慎用或禁用中藥快點查

孕媽媽在得到藥膳配方或就診中醫取藥方後，可查考以下名單，核對當中有沒有一些可能不適合食用的藥材。

禁用藥（按筆劃序）

	大戟、天雄、巴豆、水蛭、水銀、白砒、地膽、芫花、芫青（青娘蟲）、附子、紅砒、虻蟲、烏頭、乾漆、牽牛子、硇砂、野葛、斑蝥、雄黃、蜈蚣、雌黃、蟹爪甲、麝香等。

慎用藥（按筆劃序）

!	八月木、三棱、土鱉蟲、大青葉、山豆根、川芎、川烏、丹皮、丹參、五靈脂、天仙子、天南星、木香、木通、毛冬草、牙硝、牛膝、王不留行、代赭石、冬葵子、玄明粉、玄參、瓜蒂、甘遂、生半夏、生地、生南星、白芷、白附子、全蠍、朴硝、肉桂、血竭、吳茱萸、沒藥、牡丹皮、皂角、芒硝、豆蔻、赤芍、乳香、延胡索、板藍根、金鈴子、阿魏、厚朴、枳殼、枳實、洋金花、穿山甲、紅花、紅娘雲、苦參、茅根、郁李仁、柴胡、桃仁、益母草、草烏、馬鞭草、乾薑、商陸、梔子、硫黃、細辛、莪朮、通草、雪上一枝蒿、麻黃、犀角、番瀉葉、紫草、黃連、當歸、蜂蜜、路路通、槐花、蓖麻油、蜣螂、樟腦、豬牙皂、澤蘭、龍膽草、膽礬、薏苡仁、瞿麥、蟬蛻、藜蘆、蟾酥、蘆葦等。

點知寶寶好唔好？

常規產檢跟着做

為確保孕媽媽能安然度過懷孕的十個月，順利迎接新生命的來臨，產前檢查十分重要。每項檢查都有其重要價值，而檢查的時機亦有所不同，如孕媽媽對產前各項檢查的重要性與進程有一定了解，可更安心地進行。

產檢步步來

產前檢查時間表 *

懷孕週數	例行常規檢查	檢查項目	疫苗注射
<8 週	/	驗尿、驗血或超聲波檢查，以確認懷孕	/
10 至 24 週	每 4 至 6 週一次	• 血液檢驗 • 預產日期掃描（10 至 13 週） • 唐氏綜合症產前測試（11 至 20 週）（OSCAR，Quadruple Screen Test，NIPT 等） • 結構性超聲波（19 至 23^{+6} 週） • 妊娠糖尿病檢查（如有需要） • 妊娠毒血篩查（如有需要）	/
24 至 28 週	每 4 週一次	妊娠糖尿病檢查（如有需要）	/
28 至 36 週	每 2 至 4 週一次	乙型鏈球菌拭子普及篩查（Group B Streptococcus screening）（35 至 37 週）（如有需要）	百日咳（28 至 34 週）
36 至 40 週	每 1 至 2 週一次		
41 週		逾期妊娠評估	

* 此是低風險產檢時間表，僅供參考。若為高風險的孕媽媽，婦科醫生或醫護人員會因應你的個人情況而安排有別上表列出之檢查時間及項目。

1 第一次求診：證實懷孕（<8 週）

當女士發現月經延遲 7 天或以上，又曾在上一次月經後發生性行為，就可以使用驗孕棒[1]自行驗孕。如測試結果呈陽性，孕媽媽可以預約婦產科醫生就診。

孕媽媽第一次就診婦產科醫生，目的是作進一步檢查，包括驗尿、驗血或超聲波檢查，以確認是否懷孕，同時排除宮外孕可能。

一般女性可在受孕約 4 至 6 週左右確認懷孕。

2 第一次產前檢查（約 8 至 12 週）

證實懷上寶寶後，孕媽媽會在第 8 至 12 週期間再次約見醫生。醫生及護士會為孕媽媽記錄詳細的健康狀況，包括個人資料、家庭病史、過往的生產記錄等，並進行基本的檢查，如量度身高、體重、血壓、腹部檢查、檢驗尿液等。

假如有需要，醫生可能會為孕媽媽進行婦科檢查。

i 血液檢查

孕媽媽需要抽血檢查血型、Rh 因子、血色素、平均紅血球容積、德國麻疹抗體、乙型肝炎表面抗原、梅毒、愛滋病病毒等項目，為安全妊娠及生產做好準備。

---

1 驗孕棒的準確率為 97-99%，操作不正確、服用藥物、保質問題等都會影響驗孕棒的準確率，有機會出現結果呈陽性，但事實上卻沒懷孕的情況。因此，孕媽媽可隔數天再進行測試，並要預約求診，進行進一步檢查，以確認懷孕。

驗血項目	重要性
血型	「血型」最基本分為 O 型、A 型、B 型及 AB 型四大類。清楚孕媽媽的血型，對於妊娠或生產過程中需要血液輸送十分重要。
Rh 因子[2]	假如孕媽媽體內的 Rh 因子與寶寶的不配合，有機會引致胎兒溶血性貧血、胎性水腫，甚至死胎，需要定期驗血，檢查胎兒有否受影響，或者進行相關治療。
血色素及平均紅血球容積	獲知孕媽媽有否患貧血，有助判斷是否日後有較高機會攜帶「地中海貧血」基因或患上「缺鐵性貧血」。
德國麻疹抗體	德國麻疹透過空氣傳播，於懷孕期間（尤其在 12 週內）受到感染，可引致胎兒先天畸形及殘缺，如聾、盲、心臟缺陷、智力遲鈍，甚至胎死腹中。 **結果陽性：**代表懷孕前曾接種「德國麻疹疫苗」或曾患過「德國麻疹」； **結果陰性：**孕媽媽應在妊娠期間加強防護，並在產後注射疫苗。
乙型肝炎抗原	體內帶有乙型肝炎病毒的孕媽媽在生產或快將生產時，病毒很有可能經身體分泌物傳染給寶寶，令寶寶成為帶菌者（機會率約 70-90%），寶寶的肝臟功能可能會受損害，或發展為慢性肝炎、肝硬化，甚至肝癌。 **結果陽性：**代表孕媽媽是病毒攜帶者，醫生會為初生寶寶注射「乙型肝炎疫苗」和「乙型肝炎免疫球蛋白」，減低受感染風險。

2 Rh 因子是紅血球細胞上的一種抗原，含有此抗原者屬「正 Rh 因子」（Rh 陽性，以「+」代表），反之，則為「負 Rh 因子」（Rh 陰性，以「-」代表）。因此，四大類血型根據紅血球是否具有 Rh 因子再細分為 O+/O-、A+/A-、B+/B- 及 AB+/AB-。

驗血項目	重要性
梅毒測試	梅毒除了影響孕媽媽的健康（皮膚病變、全身症狀、神經性併發症），更可通過胎盤或在產道感染寶寶，影響胎兒發育，導致先天缺陷，亦能引致胎死腹中、早產、先天性梅毒等情況。
愛滋病病毒抗體測試	愛滋病病毒可以引起愛滋病（後天免疫力缺乏症），受感染的孕媽媽在懷孕、生產或餵哺母乳過程中，容易將病毒傳染給寶寶，機會率為 15-40%。及早診斷和接受抗病毒治療，在合適的措施和照料下，寶寶受感染的機會可降至小於 0.5%。

ii 常規超聲波檢查（約第 10 至 13 週）

在這時期進行的超聲波檢查，主要目的如下：

- 確認子宮內的胚胎數目（例如雙胞胎）；
- 確認寶寶在子宮內正確的位置成長；
- 檢查寶寶的發育是否基本正常，例如心跳；
- 計算妊娠週數（即「胎齡」）：透過量度寶寶的大小，與參照群體的平均值作比較去估算懷孕的週數；
- 協助預計分娩日期（計算「預產期」）：根據胎齡，可以推算寶寶出生的日期。如果從超聲波掃描推算預產期與從孕媽媽上次月經期計算的結果少於 7 天，通常會使用以月經期估計的日子。若差距多於 7 天，則通常會使用從超聲波掃描估計的分娩日期。

iii 唐氏綜合症篩查（約第 11 至 14 週）

孕媽媽可根據醫生建議，在合適時間選擇做最初步的唐氏綜合症檢測，最基本是超聲波血清篩檢法（OSCAR）。

（請參看第 6 章：唐氏綜合症（傳統組合篩查及診斷），第 135 頁。）

3 第二孕期的產前檢查（約 13 至 24 週）

i 一般檢查

踏入第二孕期，孕媽媽應繼續按醫生指示進行恆常產檢，當中包括一般檢查（如量度體重和血壓、驗尿等），並根據醫護人員指示，調節生活方式，以確保母胎平安，並紓緩各種妊娠期間的不適症狀。

ii 唐氏綜合症中孕期篩查（Quadruple Screen Test）

假如孕媽媽錯過了進行超聲波血清篩檢法（OSCAR），可在妊娠 16 週之後、20 週之前進行唐氏綜合症中孕期篩查，抽血檢驗。

（請參看第 6 章：唐氏綜合症（傳統組合篩查及診斷），第 135 頁。）

iii 常規超聲波檢查

在這時期進行的超聲波檢查，主要目的如下：

- 檢查一般妊娠情況，如胎兒位置、胎兒心跳等；
- 檢查胎兒發育是否基本正常，排除先天性畸形、發育異常；
- 量度寶寶大小：隨着寶寶成長，醫生在妊娠 14 週後可以使用綜合參數來確定胎兒的大小，包括：雙體頭寬直（biparietal diameter）、頭圍（head circumference）、腹部周圍（abdominal circumference）和股骨長度（femur length）。

iv 結構性超聲波普查

孕媽媽可考慮在 19 至 23^{+6} 週期間進行結構性超聲波普查，透過高解析度的超聲波，仔細檢查寶寶身體各個結構有無異常，準確度約有 80%。

（請參看第 7 章：點知寶寶好唔好？結構知多點，第 142 頁。）

4 第三孕期的產前檢查（第 25 至 40 週）

i 基本檢查

除了產檢都會進行的基本項目，醫生尤其關注某些項目，並針對第三孕期的需要，予以相應的檢查。

一些例行檢查在第三孕期擔當重要的角色，例如驗尿。小便中是否含有糖分及蛋白質，可以及早反映妊娠糖尿病或妊娠毒血症的可能。因此，孕媽媽要按照指示，完成留尿程序，確保檢驗結果準確。

醫生又會特別留意孕媽媽腹部的大小或水腫的情況，以預防或及早發現相關的妊娠併發症。

ii 常規超聲波檢查

在這時期進行的超聲波檢查，主要目的如下：

- 檢查寶寶的發育及健康狀況（例如胎兒大小、胎心、畸形等）；
- 確認羊水量；
- 確認胎盤情況：獲知胎盤的位置、異常情況（如胎盤早剝、臍帶脱垂）等，及早發現問題和處理，並有助選擇合適的分娩方式和時機；
- 了解寶寶在子宮內的姿勢、胎方位等，協助評估生產方法。

iii 妊娠糖尿病檢查

如果驗尿結果顯示尿液中含有糖分，又或者經醫生評估孕媽媽有較高風險患上妊娠期糖尿病，醫生會讓孕媽媽進行口服葡萄糖耐量測試（OGTT）。

（請參看第 12 章：最需要自控的妊娠疾病：妊娠糖尿病！第 228 頁。）

iv 乙型鏈球菌拭子普及篩查（Group B Streptococcus screening）

在香港，每 1,000 名新生兒，就有一人受乙型鏈球菌的影響。

乙型鏈球菌（即「B 鏈」、GBS）是一種通常出現在人類腸道、泌尿和生殖系統中的細菌。GBS 並不是性傳播疾病，當中寄存在孕媽媽的陰道或直腸大約佔 10-30%。大部分人沒有任何症狀，但少部分孕媽媽可能會有尿道炎。

如果孕媽媽感染了 GBS，當羊水穿破，保護屏障失效，寶寶出生經過產道時，就有機會受感染。

寶寶感染 GBS 的後果

分類	體徵和症狀的出現時間	常見體徵和症狀
早期發作	分娩後數小時內	■ 最常見：肺部感染、腦膜炎、血液感染（敗血症） ■ 呼吸問題 ■ 心臟和血壓不穩定 ■ 胃腸道和腎臟問題
遲發性	分娩後一週或幾個月內	腦膜炎

為避免寶寶受感染，**孕媽媽應在懷孕第 35 至 37 週之間進行乙型鏈球菌篩查（GBS screening）**。測試的方法是在孕媽媽的低陰道和直腸處，用拭子採集樣本檢驗。

如果測試呈**陽性**，醫生會在**生產時**給予孕媽媽**抗生素**（一般為靜脈注射），可以有效降低嬰兒受傳播感染的風險[3]。至於臨產前使用抗生素則不必要，因為 GBS 這細菌可時而消失，時而出現，及在分娩前復發。

V 百日咳疫苗

百日咳由百日咳博德氏桿菌引起，是一種嚴重且具**高度傳染性**的疾病。患者會長時間、反覆地出現劇烈的**咳嗽**，或伴**喘鳴**，甚至難以呼吸及**窒息**，或出現**肺炎、癲癇、腦損傷**（尤其是年幼的嬰兒）。

大多數患上百日咳的寶寶都需要住院治療，假如病情非常嚴重，可以導致死亡。

2015 年前，香港每年出現的百日咳個案由數宗至 30 餘宗不等，但及後數字突然攀升，2018 年更創新高達 110 宗，當中 40% 個案涉 6 個月以下嬰兒，部分更要接受深切治療。幸好，自 2020 年，衞生署為孕媽媽推行百日咳疫苗接種計劃，疾病的流行情況已見改善。

百日咳在嬰幼兒的發病率及死亡率高，加上寶寶只有在出生 2 個月後才能接種第一劑含有百日咳的疫苗，因此孕媽媽無論過往曾否接種百日咳疫苗或曾否感染過此病，都應按建議**在妊娠第 28 至 34 週期間接種疫苗**，使身體能產生足夠的抗體並傳送給寶寶，讓他們得到保護。

---

3 抗生素可降低寶寶在出生後一週內 GBS 感染發作的風險，從 0.25% 降至 0.025%。

5 逾期妊娠評估（第 41 週）

懷孕**超過 41 週**，就屬於逾期妊娠（又稱過期妊娠或晚產）：

- 寶寶出生後的**死亡率及併發症大幅增加**；
- 寶寶在腹中持續吸收養分，可造成超重，體型過大會增加滯產、肩難產、產傷、胎兒窒息、胎兒窘迫、顱內出血等風險；
- 剖腹產及相關併發症發生的機會增加；
- 羊水開始減少，容易造成臍帶受壓、胎兒缺氧；
- 胎盤開始萎縮及鈣化，向寶寶的血流供應減少，影響其生長或生命安全；
- 寶寶吸入胎糞的機會增加，造成相關疾病及死亡風險。

醫生會透過觀察胎動有否減少、監測胎心音、檢查胎兒狀態（如呼吸、肢體活動）、羊水量、胎盤血流供應情況等作出評估和判斷，給予孕媽媽合適的應對及治療方案，例如藥物催生、剖腹產等。

點知寶寶好唔好？

基因檢一檢

近年，「基因科技」、「DNA 遺傳疾病檢測」等關鍵詞在眾多妊娠議題中頻繁出現。這些概念對於孕媽媽和爸爸而言，有甚麼關係呢？當中哪些是大家必須了解呢？

DNA、基因、染色體

人體內的**細胞（Cell）**是所有生命體的基本單位，如果人體是一座建築物，細胞就是磚塊。這些「磚塊」一旦出現問題，就會導致人體出現嚴重的病變。

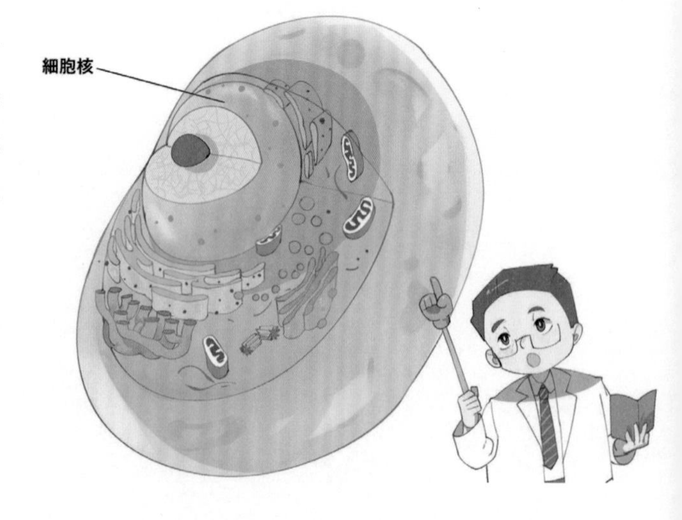

染色體（Chromosome）是一種特殊的物質，存於細胞核內，是負責儲存生物遺傳資訊的細胞工具。每條染色體由去氧核醣核酸（DNA）及蛋白質構成。

DNA 由四種不同的鹼基（Base）分子組成，分別是 Adenine（A）、Thymine（T）、Guanine（G）和 Cytosine（C）。這些分子按序排列在一起，從而構成 DNA 序列。

基因（Gene）儲存在染色體之中，是指儲存着某種功能指令或遺傳資訊的一段 DNA 序列。

DNA 是人體的編碼器，包含了人體所需蛋白質的指令編碼。當人體需要某種蛋白質時，DNA 會先將相關的基因轉化成蛋白質，組裝出一條完整的蛋白質鏈，執行特定的功能。

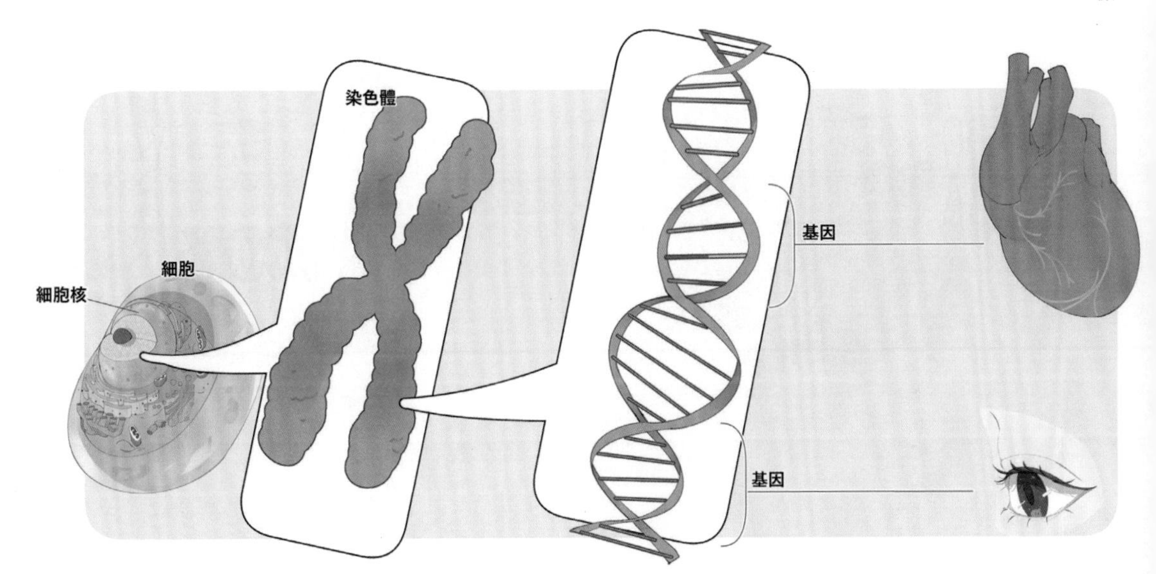

基因突變與隱性遺傳疾病

人類每個細胞都擁有 23 對染色體（總共 46 條），其中 23 條染色體來自母親，另外 23 條來自父親。每對染色體都包含了相同的基因。

你可以把染色體想像成一本書，DNA 序列就是書中的章節段落，基因則為各章節中特定的詞句內容，描述着人體內不同的功能或特徵，例如眼睛的顏色、身高、髮色等。子女的基因由父母傳遞，所以孩子會繼承父母的某些特徵。

1 基因突變

人體大約有 20,000-25,000 個基因，包含了編碼各種蛋白質所需的訊息。

正如前所述，基因是 DNA 序列，由一系列特定的鹼基組成。這些鹼基以一定的順序排列，就像字母一樣組成單詞和句子，而字母的排列順序則決定了單詞和句子的含義。

基因突變是指基因中的一個或多個鹼基序列發生了改變，即字母排列的次序產生變化，製造出來的不同意思的單詞和句子。這些改變會影響某些身體製造出來的蛋白質結構和功能，引致某種正常功能的缺失，例如一個基因突變導致甲狀腺激素受體蛋白質的結構改變，可以引起甲狀腺功能低下。

舉另一個例子，唐氏綜合症的成因絕大多數源於寶寶在胎兒期進行基因複製時，第 21 條染色體（T21）比正常人多複製了一條，即細胞內有 47 條染色體。所以，當基因出現突變，遺傳疾病就會發生。

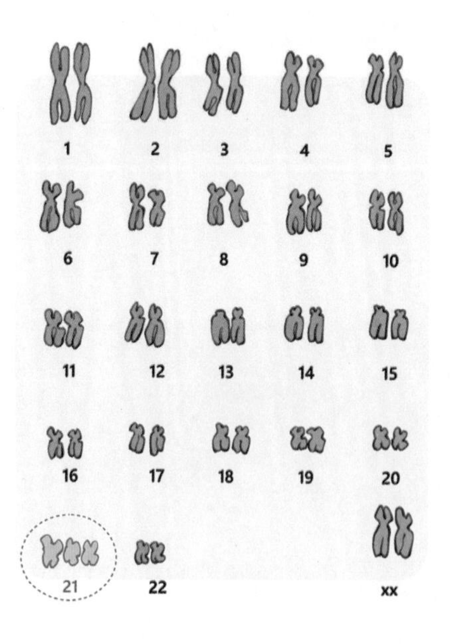

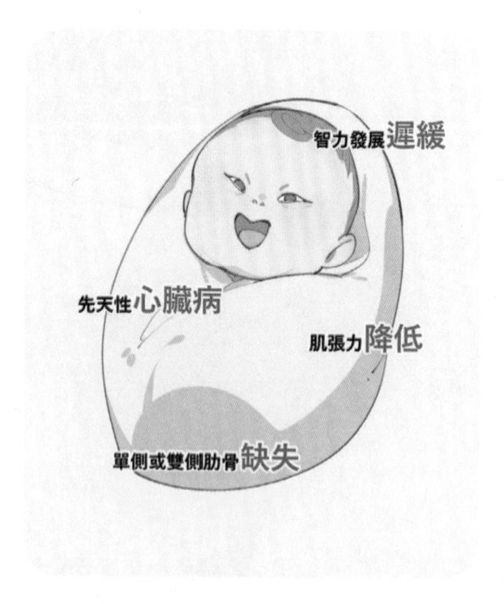

2 隱性遺傳疾病

父母身體健康，孕媽媽就一定可以誕下一切健全的寶寶嗎？其實，這個並不是「1+1 必定等於 2」的簡單問題。人體基因組成和結合的複雜程度和微妙，遠遠超乎我們所能想像。

一對十分恩愛的年輕夫婦，在結婚不久後迎來了自己的第一個寶寶——一個可愛的男孩。孩子小時候很健康，但當逐漸長大，開始出現一些奇怪的症狀，包括視力變差、手腳軟弱無力等。夫妻倆非常擔心，帶着孩子看醫生，經過重重檢查後，被告知孩子可能患有一種隱性遺傳疾病（Recessive Inherited Disorder）。

相信大家時有聽聞類似的故事。隱性遺傳病是由基因突變所引起，往往無聲、無色、無情地發生。

當同一對染色體中，兩條基因（一條基因來自爸爸，另一條來自媽媽）同時出現突變時，隱性遺傳疾病才會表現出來。如果只是其中一條基因出現突變，孩子只是突變基因的攜帶者（帶因者）而不會發病，但卻有機會將這種「缺陷基因」遺傳給下一代。

原來，在上述的故事中，夫婦二人都是「缺陷基因」攜帶者。他們表面上都是健康，所以在懷孕前並沒有意識到風險。當他們將這種基因缺陷遺傳給下一代時，孩子身上「疊加」了雙親的「缺陷基因」，產生明顯的病徵。

其中一種在香港、內地或東南亞地區最常見的是「地中海貧血症」，還有白化病、血友病、脊髓性肌肉萎縮症……[1]

面對寶寶患上遺傳疾病的可能，孕媽媽可以採取甚麼行動？

地中海貧血（單基因遺傳病檢測）

地中海貧血（地貧）是常見的隱性遺傳病，全球每年有超過 5 萬名患有地中海貧血的嬰兒出生。而香港，每 12 人當中有一個是地貧基因攜帶者。

地貧寶寶在胎兒期或新生兒時期會出現明顯的病徵，可是他們的父母往往都是沒有任何病徵的缺陷基因攜帶者。

1 大部分帶因者都沒有症狀或不會發病，但也有一些疾病只需單株疾病基因便有機會發病（即是父或母任何一方攜帶基因，都有機會讓寶寶患上遺傳病）。

地貧是一種由遺傳基因突變或缺失，令合成的珠蛋白肽鏈不平衡而導致的溶血性貧血。根據珠蛋白肽鏈受損的不同，主要分為甲型（α - 地中海貧血）和乙型（β - 地中海貧血）兩種。

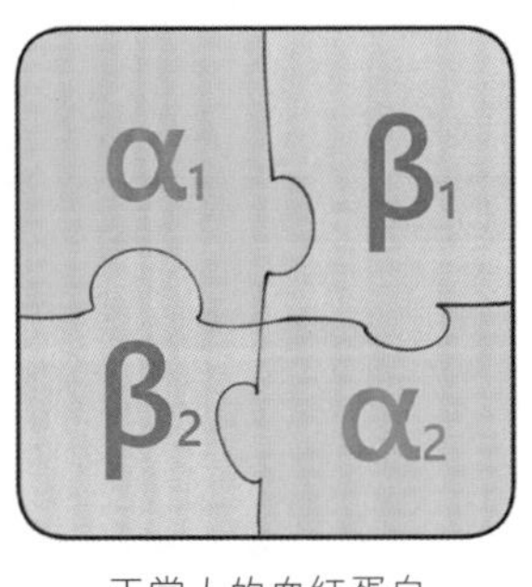

正常人的血紅蛋白

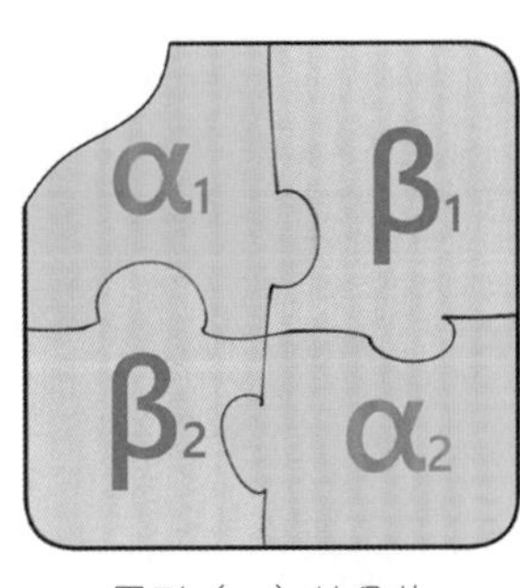

甲型（α）地貧的血紅蛋白

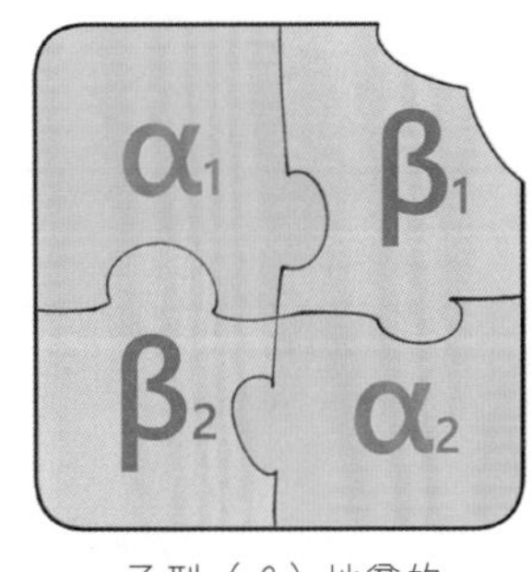

乙型（β）地貧的血紅蛋白

1 地中海貧血的症狀和體徵

輕型的地貧患者（地貧基因攜帶者）可以沒有明顯症狀，只出現一些疲勞、皮膚蒼白或偏黃、容易頭暈、血色素偏低等貧血表現。但若情況比較嚴重，可以危及生命。

地中海貧血患者的病情

i 輕型

- 無症狀或輕微貧血表現。
- 可正常生活。

ii 中間型

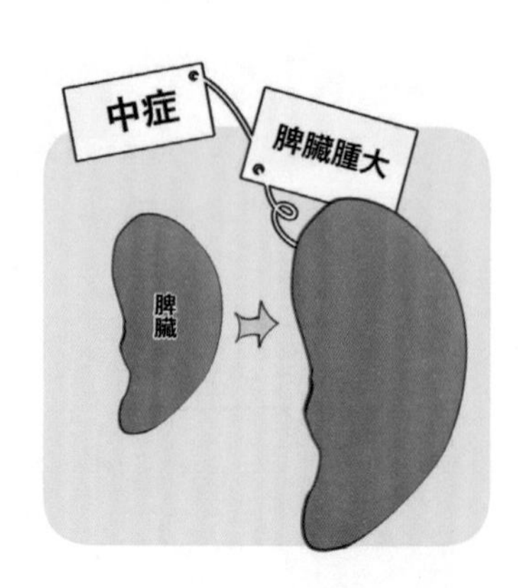

- 自幼嚴重貧血。
- 黃疸、肝脾腫大。
- 不同程度的骨骼生長異常，例如頭和臉的骨骼出現變形，也容易骨折。
- 偶爾需要輸血治療。

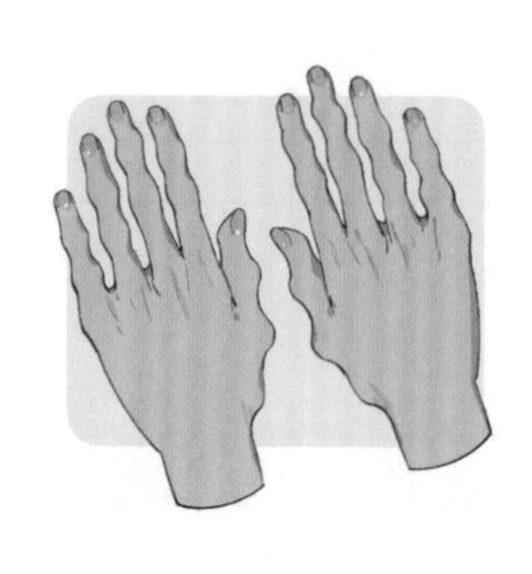

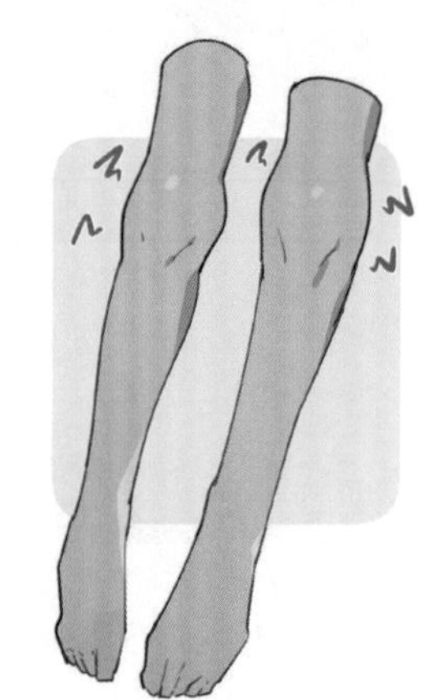

iii 重型

- 容易在胎兒期死亡。
- 貧血症狀更為嚴重。
- 需每晚注射 8 至 10 小時的除鐵劑。
- 或需長期規律輸血，以維持生命。

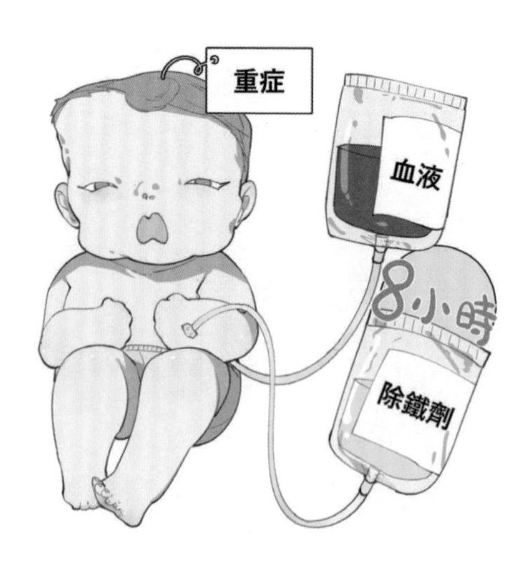

2 如何知道寶寶有否患上地中海貧血的機會？

當父母雙方都攜帶有同一類別的地貧基因時，孕媽媽每次懷孕都會有1/4 機會誕下患有地中海貧血的嬰兒。風險比例是相當高！

而由於缺陷基因單獨存在於一個人身上時並不會引起病徵，因此，必須篩查檢測，才能發現相關缺陷基因的存在。

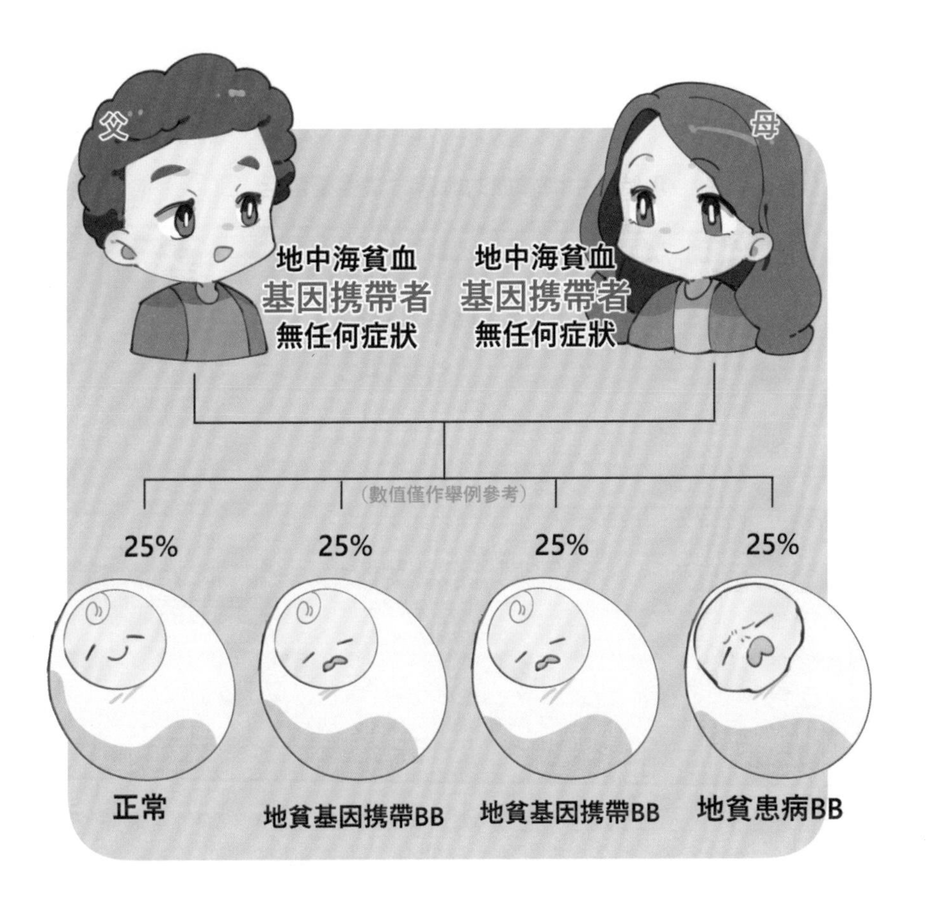

準媽媽和孕媽媽可以透過傳統的方法抽血檢驗，進行篩查：

❶ 血常規

甲型（α）地貧檢出率為 76.3%；乙型（β）地貧的檢出率為 82.3%。

❷ 血紅蛋白電泳

甲型（α）地貧檢出率為 19.4%；乙型（β）地貧的檢出率為 88.4%。

❸ 基因檢測

基因檢測是地中海貧血唯一的診斷方法，可直接確認有或沒有地貧，以及其類型。

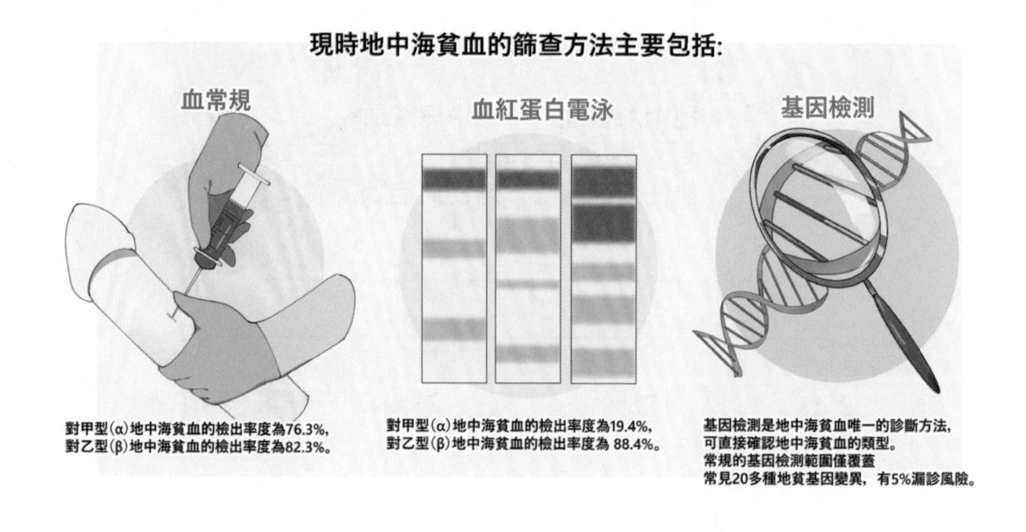

不過，常規的基因檢測僅覆蓋二十多種常見的地貧基因變異，有 5% 漏診風險。而且，檢測過程繁複，對於檢測範圍外的地貧變異，需對受檢者進行多次檢測，甚至要結合家系分析。即是除了孕媽媽、爸爸或寶寶（胎盤）外，還需要取得其家人或親屬的樣本，進行檢測，才能得出結果。

單基因遺傳病基因檢測

許多單基因遺傳病與地貧一樣，目前仍未有經濟且有效的方法治療。一旦誕下患有重型單基因遺傳病（包括地貧）的寶寶，無論是父母抑或孩子，都可能要面對漫長的痛苦。故此，地中海貧血篩查是一項必要的預防措施。

而對於其他單基因遺傳病，若能及早檢測及評估下一代患病的風險，也有助準爸媽和孕爸媽制定具針對性的懷孕計劃。

近年，科學家已利用最新的第三代測序技術進行單基因遺傳病檢測，準爸媽和孕爸媽可在孕前或懷孕初期抽血，檢測一項或多項缺陷基因攜帶狀況，及早發現和評估寶寶的患病風險。

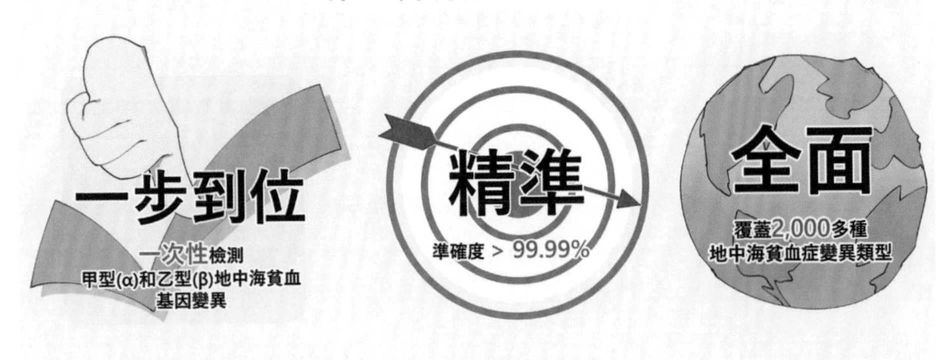

當中，地中海貧血的檢測已十分成熟，檢測準確度高達 99.99%。此外，還可以一次性地檢測甲型（α）和乙型（β）地貧基因的變異，無需重複多種不同檢測，並覆蓋 2,000 多種已在國際數據庫中記錄的地中海貧血症變異類型，較傳統技術檢測出更多基因缺陷，漏檢機會大大減少。

通過採集初生寶寶的乾血片，可以儘早檢測出寶寶的地貧基因攜帶狀況。只要能**早診斷、早干預、早治療，就可預防和減輕疾病所造成的影響**，改善寶寶的生命質量。

除了如上述地貧這一類的遺傳性基因疾病之外，還有另一種情況，**孕爸媽本身完全沒有攜帶相關的缺陷基因**，但懷孕時，在胎兒成長過程中卻出現基因突變。這類與**遺傳無關的基因突變引致的疾病，稱之為「先天自發性基因疾病**（De novo genetic disease）」。其中「唐氏綜合症」就是最常見的例子。

唐氏綜合症（傳統組合篩查及診斷）

在香港，大約每 650 名寶寶，就有 1 名患有唐氏綜合症。孩子因為存在第三條 21 號染色體，會出現一些獨特的身體特徵，例如眼傾斜、下巴小、鼻樑扁、突舌頭等。大部分唐氏綜合症孩子都會有一定程度的學習和社交障礙，也容易患上各種先天性疾病和出現後天健康問題。

不過，絕大部分唐氏綜合症人士的性格都較樂天、率真，而且在較多的照顧、訓練和協助下，都能夠照顧自己，與人溝通，甚至參與工作，過着與普通人一樣的生活。

唐氏綜合症的出現是染色體畸變所致，成因仍不明，但高齡孕媽媽（40 歲以上）誕唐氏寶寶的機會相對較大。在產前作檢測，在孩子出生前得知其是否唐氏綜合症兒，可以讓父母和家人有充足的心理、生活預備及應對方案。

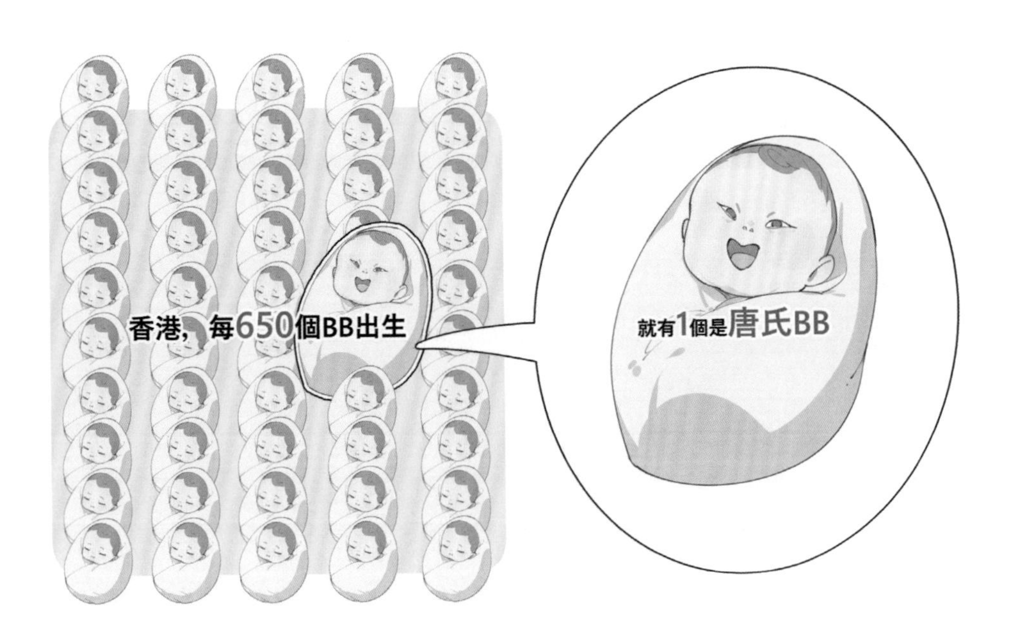

1 唐氏綜合症組合篩查方法

在懷孕不同階段，可用不同的方法為寶寶進行唐氏綜合症篩查。

i 早孕期（11 至 14 週）：超聲波血清篩檢法（OSCAR）

此法適合在懷孕 11 至 14 週之間進行[2]。醫生會運用超聲波量度腹中寶寶頸背部的液體（後頸皮下半透明層），即「度頸皮」，並檢驗孕媽媽血液裏的妊娠相關血漿蛋白 -A (PAPP-A) 和絨毛膜促性腺激素 (hCG) 水平，結合其年齡與懷孕週數來計算寶寶患有唐氏綜合症的機會率。

ii 中孕期（14 至 20 週）：唐氏綜合症中孕期篩查（Quadruple Screen Test）

如錯過了進行 OSCAR 的時機，而孕媽媽處於懷孕第 14 至 20 週期間，可在 16 週之後抽血檢驗四項生化指標，包括甲胎蛋白 (AFP)、絨毛膜促性腺激素 (hCG)、雌三醇 (estriol) 及抑制素 -A (inhibin-A) ，驗血可檢測出約 80% 的唐氏綜合症的胎兒。

唐氏綜合症組合篩查方法	早孕期篩查（11–13^{+6} 週）	中孕期篩查（16–20 週）
超聲波量度胎兒頸皮	✓	/
抽血：PAPP–A 及 hCG	✓	/
抽血：AFP、hCG、uE3、Inhibin A	/	✓
檢出率	90%	60-80%
假陽性率（非唐寶寶被誤檢為唐寶寶）	5%	5%

2 OSCAR 測試可以在懷孕第 14 週後進行（例如 16 至 19 週），但由於無法清楚地測量胎兒頸皮，精確度會大大降低。它還可以篩查愛德華氏症和巴陶氏綜合症。

如果在唐氏綜合症組合篩查得陽性結果，孕媽媽可用無創性胎兒 DNA 產前篩檢法（Non-Invasive Prenatal Test，NIPT）作二次篩查。當然，由於方法安全，直接進行 NIPT 亦可以。

（甚麼是 NIPT？請參看本章：唐氏綜合症（無創性胎兒 DNA 產前篩檢法），第 138 頁。）

2 診斷性檢測：羊膜穿刺術或絨毛膜細胞檢查

絨毛膜細胞檢查或羊膜穿刺術（即「抽羊水」）是入侵性的診斷性檢測，能準確肯定胎兒是否有唐氏綜合症。

絨毛膜細胞檢查可在懷孕第 11 至 13^{+6} 週進行，如孕期在第 16 至 19^{+6} 週，則宜使用羊膜穿刺術。

醫生會根據孕媽媽生理狀態決定使用哪一種診斷技術。過程中，醫生將一支幼細吸針放入子宮腔內，抽取胎盤的絨毛細胞組織或者少量羊水樣本化驗，作染色體檢測。進行這兩個診斷手段，約有 0.5-1% 的流產風險，令不少孕媽媽擔心和卻步。

唐氏綜合症（無創性胎兒 DNA 產前篩檢法）

經過多年來的深入研究，基因專家已成功研發出更安全和準確的「無創性胎兒 DNA 產前篩檢法（Non-Invasive Prenatal Test，NIPT）」，只需要抽取孕媽媽 10ml 的靜脈血液，就可以檢測腹中寶寶的基因資訊，判斷寶寶患染色體異常的遺傳病（包括唐氏綜合症）的風險程度。

1 NIPT 是如何進行？

孕媽媽的外周血（不包括骨髓的血液）中含有 DNA 碎片，當中有 10-20% 是來自胎盤的。由於在 99% 的情況下，胎盤中的 DNA 與腹中寶寶的 DNA 相同。因此，只須透過靜脈穿刺，抽取孕媽媽的血液，便可運用 NIPT 對這些游離胎兒 DNA 染色體（cfDNA）進行檢測和分析，獲得寶寶染色體的基因資訊，並推算 DNA 異常的機率。

2 NIPT 可以檢查到甚麼疾病？

NIPT 最常用於檢測「T21 唐氏綜合症」、「T18 愛德華氏綜合症」、「T13 巴陶氏綜合症」。此外，亦可檢測一些性染色體相關疾病，如克氏症候群（Klinefelter's syndrome，XXY），以及染色體微缺失或微重複症候群，如天使人症候群。

NIPT 的技術不斷突破，能檢測的常染色體或性染色體[3]相關疾病越來越多，讓準爸媽和孕爸媽能及早了解寶寶的健康風險，有充足的時間作妥善的安排。

孕媽媽可向醫生或相關單位了解更多，商討合適的檢查方案。

---

3 染色體由 DNA 及組蛋白纏繞構成。人類的細胞有 23 對染色體，當中 22 對是「常染色體」，餘下一對 X 與 Y 染色體是「性染色體」，在決定性別和性發育中起着重要作用。

3 NIPT 有甚麼優勢？

精準

- 準確度高（視乎選擇檢測染色體的類型，一般 >98%）
- 假陽性率低

無創

- 非入侵性，只需抽取少許靜脈血，十分安全
- 導致流產的風險為 0%
- 不會對母或胎造成不良影響，避免孕媽媽因心理壓力而延診和誤診

快速

- 一般只須數天便可知悉結果

全面

- 能一次檢測較多的染色體疾病項目
- 目前 NIPT 技術已可測得超過 100 種疾病

以篩查唐氏綜合症為例，相較於傳統的篩檢方法，NIPT 更為準確可靠。

在香港，隨着 NIPT 技術的普及，令因傳統檢查下出現假陽性結果，而需要進行羊膜穿刺術或絨毛膜細胞檢查的孕媽媽減少了 30%，讓孕媽媽們能避免承受額外的流產風險。

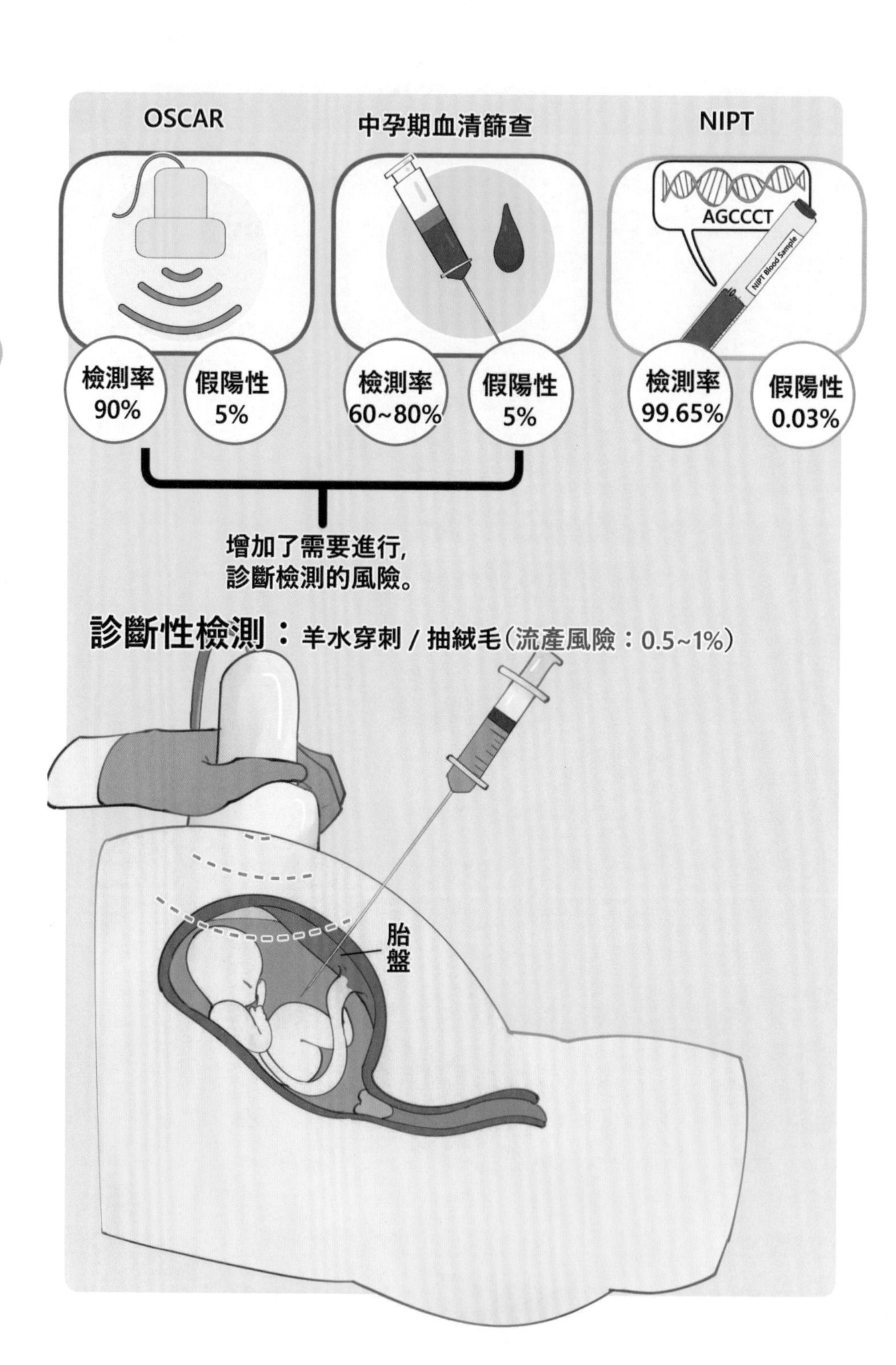
OSCAR
中孕期血清篩查
NIPT
AGCCCT
NIPT Blood Sample
檢測率
90%
假陽性
5%
檢測率
60~80%
假陽性
5%
檢測率
99.65%
假陽性
0.03%
增加了需要進行，
診斷檢測的風險。
診斷性檢測：羊水穿刺 / 抽絨毛（流產風險：0.5~1%）
胎
盤

4 NIPT 的限制

NIPT 只適用於懷孕第 10 週或以上的孕媽媽。而如果懷上了多胞胎、羊水過少或者胎兒情況不穩定，NIPT 就可能不合用，或未必能提供精確的檢測結果。

另外，NIPT 作為一種篩查檢測，本身也有限制，根據統計，大約有 0.5-1% 的 NIPT 不能在初次血液採樣時提供結果。主要原因包括：

- 胎兒的 DNA 在母親外周血漿樣本的濃度過低；
- 孕媽媽患病，例如血液疾病、自身免疫系統疾病、肌瘤、惡性腫瘤、肥胖症等；
- 孕媽媽正在使用一些藥物，如低分子量肝素及免疫球蛋白。

若第一次檢測未能得出結果，醫生通常就會安排重抽血液樣本，作第二次篩查檢測。倘若在少數情況下，二次檢測仍未能提供結果，就要與專科醫生討論備選檢查或診斷方案，例如做詳細的胎兒結構超聲波。對於唐氏綜合症，或可能要直接使用入侵性的診斷性檢測手段。

值得注意的是，唐氏綜合症以及許多染色體異常的遺傳病都是基因複製時出錯引致的，這些出錯是隨機發生的。因此，每一次懷孕出現這種基因複製出錯的機率都相等。也就是説，即使第一胎的寶寶基因正常，之後每次懷孕都應該在孕早期進行篩查，這是非常必要的。

點知寶寶好唔好？

結構知多點（結構性超聲波普查）

任何孕媽媽都有機會誕下有嚴重先天性缺陷的嬰兒。

嚴重的先天性缺陷可能會引致胎兒夭折、嚴重弱智、生長遲緩、身體結構和功能出現缺陷等情況。有些可以經過治療或手術後完全康復，但有些卻是無法補救的。寶寶也可能為父母帶來經濟和心理上的負擔。

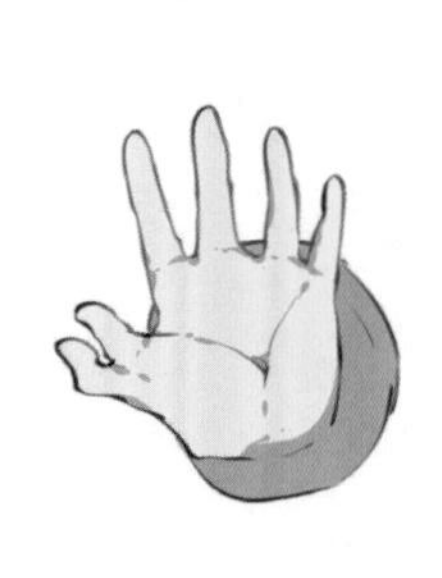

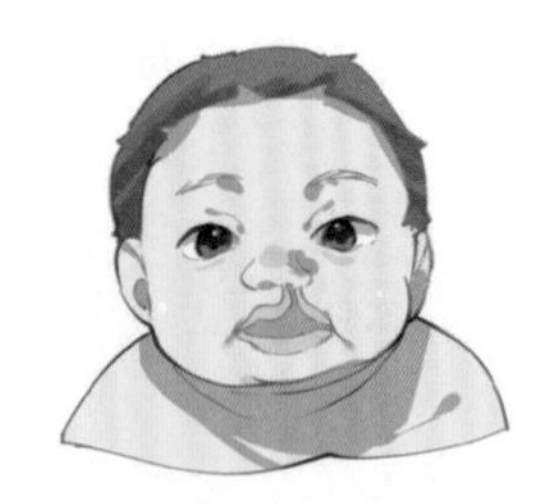

超聲波是其中一種檢查胎兒有沒有先天性缺陷的途徑，對孕媽媽和胎兒都十分安全。

一般的超聲波檢查只會檢查腹中寶寶的大小、位置、羊水量、胎盤位置、子宮頸長度等，並不會針對性地為寶寶進行結構評估。對於屬高風險群的孕媽媽（例如曾經產下先天性缺陷的嬰兒），醫生會安排孕媽媽作詳細的胎兒結構性超聲波普查，以查證胎兒身體的結構情況，包括四肢、骨骼、顱內結構、眼睛、肺、胃、腎、外生殖器官等。

不過，由於 95% 的先天性胎兒缺陷都是發生在低風險孕媽媽身上，所以在孕期第 20 週左右為低風險孕媽媽作胎兒結構性超聲波普查也十分重要，能夠大大增加先天性胎兒缺陷發現率。

當然，暫時仍沒有任何一種診斷方法可以在孕期中發現所有先天性缺陷的寶寶。

20 週結構性超聲波普查

這是在懷孕 20 週左右（一般在 19 至 23^{+6} 週）做的超聲波檢查，主要是檢查腹中寶寶結構是否正常，而非獲知其性別。因為這個檢查比一般超聲波檢查詳細，所以需時較長，**大約要 15 至 30 分鐘**。

檢查前，孕媽媽並不用脹膀胱，反而應先小便，排空膀胱再作檢查。檢查期間，丈夫可以全程陪同孕媽媽！

1 為甚麼要在 20 週進行普查？

如果胎兒太小，發育未完成，會很難看得清楚其結構。但如果胎兒太大，骨骼鈣化又會阻擋超聲波，使影像不清。此外，寶寶愈大，胎水空間就相對地減少，身體各部分擠在一起都會影響超聲波檢查的質素。

所以，**20 週左右是檢查胎兒結構的最佳時機**。

此外，如果能夠在 24 週前診斷出嚴重的先天性胎兒缺陷，在有特殊且必要的情況下，孕媽媽亦有機會選擇**人工流產**。

2 結構性超聲波普查有何好處？

結構性超聲波普查可以讓大多數孕媽媽更**安心地繼續懷孕**。

寶寶結構正常固然讓人放心。而假若發現嚴重的先天性缺陷，孕媽媽和家人也可有心理準備，**做好安排**，讓它們出生後得到最適當的**診療或照顧**。

超聲波普查還可確定孕媽媽的懷孕週數、及早發現雙胞和多胎懷孕，或者胎盤或胎水等問題，以預備妥善方案，為孕媽媽提供適當的治療。

3 結構性超聲波普查有何不好？

超聲波普查並非百分百準確，所以當孕媽媽滿以為胎兒結構正常，而在寶寶出生後才突然發現他 / 她患有先天性缺陷時，孕媽媽可能倍感失望和擔心。

當檢查懷疑寶寶可能不正常但又未能即時證實，及至其後的檢查或寶寶出生後才得知結果時，孕媽媽則可能要經歷不必要的憂慮。

另外，如因檢查懷疑寶寶有不正常情況而選擇進行入侵性的檢查（例如抽羊水），或可能導致流產。

4 結構性超聲波普查的報告可以告訴我甚麼？

超聲波普查報告結果表示「正常」並不能百分百保證胎兒沒有先天性缺陷，以下情況是 20 週結構超聲波檢查無法診斷的：

- 非結構上的缺陷，如弱智、視力或聽覺的問題；
- 在懷孕後期才表現明顯的缺陷，如小腸閉塞、某類先天性侏儒症等；
- 某些結構上細小的缺陷，如細小的心漏；
- 沒有超聲波能發現的特徵，如肛門閉塞、大部分的唐氏綜合症。

與此同時，孕媽媽過度肥胖、胎水過少、檢查時胎兒位置不理想等，都會影響診斷的準確度。

不過，**70–80% 的嚴重先天性缺陷都能被超聲波普查發現**，因此如果報告正常，胎兒有嚴重缺陷的機會是很低的。

CHAPTER 08

早孕常見不適點處理

當受精卵在子宮腔着床後，孕媽媽的身體便會產生一系列變化，目的是作好準備，使身體變為一個適合胚胎生長的環境，讓寶寶在體內健康成長，但是卻會引起孕媽媽不適。

懷孕初期的生理變化

1 西醫篇

雌激素和黃體酮分泌量增加	＋	胎盆形成、寶寶成長、子宮體積增大
 血管輕微放鬆 ➡ 血壓降低 ➡ 頭暈，甚至短暫失去知覺		 子宮需額外供血，體內循環血量和血細胞的形成會增加 ➡ 出血（如鼻血）

雌激素和黃體酮分泌量增加	+	胎盆形成、寶寶成長、子宮體積增大
 胃腸壁肌肉放鬆，食物移動的速度減慢（以吸收更多營養） ➡ 腸胃不適，胃反流、嘔心、便秘等		 子宮壓迫膀胱 ➡ 小便頻繁
 乳房脹痛，乳頭開始變大		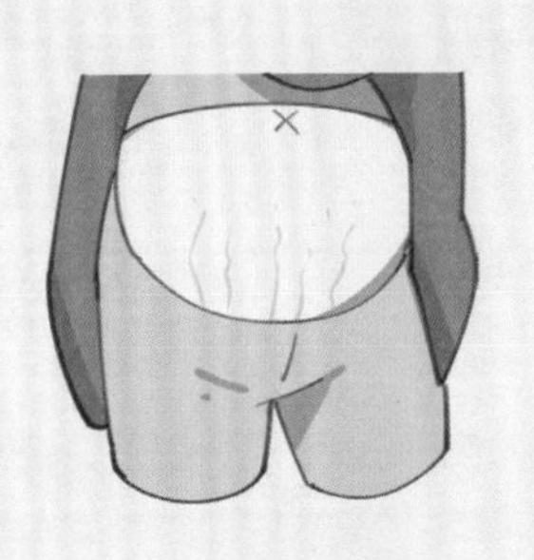 妊娠紋
出汗		胸腹腔空間減少 ➡ 消化不良、呼吸急促
		血液量在短時間內增加， 紅血球製造速度追不上變化 ➡ 血液相對稀釋 ➡ 貧血症狀

2 中醫篇

中醫認為，女性懷孕後，身體的氣血[1]會有所變動。

為了讓腹中寶寶獲得足夠養分成長，陰血會下注胞宮（類似於血液輸往胎盤及胚胎），身體上部或其他臟腑的陰血便相對不足，加上隨着寶寶身體漸長，阻礙身體的氣機[2]升降，身體會出現相對的反應。

若孕媽媽身體素來氣血不足、脾腎功能不佳，懷孕後會更容易出現虛弱的表現和症狀，例如疲倦乏力、頭暈、心悸等。

身體上部氣血或津液不足，陽氣上浮或相對亢盛，引起燥熱症狀，如心煩、口乾。

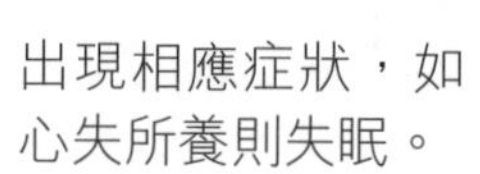

胎體日漸長大，阻礙氣的流動。 ▶ 臟腑氣機升降受阻，氣血運行不暢。 ▶ 不同的懷孕症狀：如胃失和降則噁心嘔吐；水液停滯則水腫等。

---

1 中醫學理論中，氣和血是構成人體及生命活動的最基本及最重要的物質。氣是無形的，能維持臟腑經絡生理功能，具推動、激發、固攝、溫煦、防禦等作用，血有規律地循行於脈中，灌溉一身，發揮營養、滋潤的作用。

2 氣在人體內不斷流動，發揮其生理功能。氣的運動稱作氣機。氣機是氣的正常運行機制，主要有「升、降、出、入」四種方式。

懷孕初期常見身體症狀與處理

孕媽媽身體的種種變化或輕微不舒服，例如腸胃不適和尿頻，多屬正常的生理現象。

1 噁心及嘔吐

噁心和嘔吐是最常見的懷孕生理現象。由於懷孕期間分泌妊娠激素引致胃賁門鬆弛、腸道蠕動減慢，胃部食物及胃酸便容易反流，消化速度亦減慢。通常調整飲食習慣後，便得到改善。

某些懷孕或身體異常的情況，例如多胞胎、葡萄胎及甲狀腺毒症，亦可導致孕媽媽出現嚴重嘔吐。

（懷孕期常常嘔噁怎麼辦？請參看第 9 章：最令媽媽辛苦的狀態：妊娠嘔吐！第 154 頁。）

2 心口灼熱

與噁心、嘔吐一樣，心口灼熱主要也是荷爾蒙變化所致。胃部與食道的「括約肌」變得鬆弛，進食後胃酸容易倒流至食道，引起孕媽媽胸中出現刺激和灼熱的感覺。

脂肪難以消化，會在胃部停留較長時間，增加胃酸分泌，會使胃部與下食道的「括約肌」鬆弛，所以油膩的食物會加劇心口灼熱的情況。

處理小貼士

- 少吃多餐，慢慢細嚼食物，勿急促進食。
- 避免吃太飽。
- 避免進食刺激及辛辣的食物。
- 進食後 1 至 2 小時內避免躺下或彎腰。
- 睡時墊高頭部。
- 日常穿着鬆身衣物。
- 勿自行服胃藥，服用任何藥物前應先請教醫生。

3 便秘

大約 10-40% 的孕媽媽會出現便秘，主要是因為黃體酮的分泌增加，令腸道的平滑肌鬆弛及正常蠕動減慢，再加上腸道細胞比平時吸收更多水分所致。

部分孕媽媽因為害怕刺激子宮收縮而減少活動或運動量，經常坐臥，也會加重便秘。另外，一些保胎藥物可能有引致便秘的副作用。

處理小貼士

- 每日喝 8 至 12 杯溫暖的流質（例如水、湯或奶）。
- 多進食含豐富膳食纖維的食物，例如全麥產品、蘇葉、冬菇、紫椰菜花、苦瓜、秋葵、番薯葉、菠菜、西蘭花、西梅等。
- 進行適量運動。
- 切記不要亂服瀉藥，應先諮詢醫生。
- 可適當使用益生菌。
- 若想用中藥幫助通便，應小心謹慎。一般來説，可適量進食一些火麻仁潤腸通便。凡苦寒、峻下、滑利、袪痰、破血、耗氣、散氣以及有毒的藥品都是禁忌。

處理小貼士

- 孕媽媽的體質不同，大便特點及保健食材選擇亦有所不同：
  - **熱型體質：**大便難排，數天一行，質硬如羊糞，臭甚，或伴肛門灼熱或兼便血，可多進食清熱潤燥的食物，如香蕉、甘蔗、乳酪、奇異果、西梅、芹菜等。
  - **陰虛體質：**大便乾，量少，伴陰虛症狀，可多進食滋潤的水果，以及具有養陰增液潤腸作用的食物，例如蘋果、梨、士多啤梨、蜂蜜、桑椹、女貞子、玉竹、牛奶等。
  - **氣虛體質：**大便質軟或先硬後軟，或偏乾，排便時費力難下，甚則用力汗出。可多吃番薯、番薯葉、甘筍，亦可用北芪南棗小米粥、南瓜粟米蜂蜜糊作保健。
  - **血虛體質：**大便偏乾，伴血虛症狀，宜養血潤腸通便，可多吃黑芝麻、柏子仁、黑棗等。
  - **陽虛體質：**大便偏乾，不臭，伴陽虛症狀，宜溫補脾腎，潤腸通便，可多吃核桃、肉蓯蓉、杏仁等。

西醫話

“益生菌知多點”

益生菌（Probiotics）是指攝入適量後對人體有益的微生物，可以有效抑制腸道有害菌的生長，**維持菌種平衡，常用於妊娠期的便秘腹瀉**，以及細菌性陰道病、濕疹，還有不同的腸道症狀（如腸易激綜合症、感染性腹瀉、抗生素相關性腹瀉、炎症性腸病等）。

世界過敏組織（WAO）建議有過敏和曾產濕疹患兒風險的孕媽媽在妊娠及哺乳期使用益生菌。雖然產前益生菌對預防過敏沒有作用，但可減低寶寶患上濕疹的機會。有一些研究則表明，益生菌能降低妊娠期糖尿病（GDM）風險及減少乳腺炎的發生。

美國國家醫學圖書館（NLM）和美國國立衛生研究院（NIH）表示，益生菌對於孕媽媽及寶寶是安全的。益生菌補充劑很少被吸收，而服用益生菌感染菌血症或真菌血症的可能性微乎其微，也並不會造成流產、任何類型的畸形，或增加剖腹、早產、新生兒體重異常等情況。

4 尿頻

孕媽媽腎臟的血流量是普通人的 1.5 倍，加上黃體酮荷爾蒙令輸尿管的平滑肌鬆弛，蠕動變慢，還有子宮漸長壓迫膀胱，所以孕媽媽常會有尿頻的情況。

此外，輸尿管擴張、尿液排出減慢等情況讓細菌更容易滋生或上行，會使孕媽媽較易受感染。若缺乏適當的治療，可發生腎炎及早產。因此，若有尿道炎的症狀如尿頻、小便赤痛或小便有血，便要及早看醫生。

處理小貼士

- 避免進食含咖啡因的食物，以免加重尿頻的情況。
- 尿頻的情況特別容易出現在脾腎不足（氣虛、陽虛體質）的孕媽媽。因此，孕媽媽可多進食一些健脾益氣補腎的食物或藥材，例如黨參、淮山、蓮子、芡實、核桃、桑寄生、杜仲等。
- 不要為避免上廁所而限制飲水或進食流質食物，若身體缺乏水分，患上尿道炎的機會會大增。
- 如被證實患上尿道炎，應按照醫生指示服用抗生素。
- 陰虛、熱型、痰濕體質的孕媽媽特別容易患上尿道炎，宜根據體質選擇可以清熱除濕的食物，避免溫熱性質或油膩食品。
- 宜穿着寬鬆的褲或裙，保持陰部乾爽，避免悶熱或潮濕，減少細菌滋生。
- 應保持下陰衛生，若分泌物較多，宜經常更換內褲。
- 若尿道炎持續或有經常性尿道發炎，表示可能有先天性尿道或腎臟結構異常，應儘早就醫，作出確實的診斷。

懷孕初期的情緒變化與調適

由於荷爾蒙變化、各種社會和個人期望、身體不適、身形轉變等，孕媽媽的壓力會大大提升，經驗「情緒過山車」，這是十分正常的。

各位孕媽媽，假如有以下情況持續兩星期或以上，請與信任的親友分享，並尋找專業人士或社工幫助。

- 睡眠太多或太少；
- 專注力下降；
- 對平時的喜好不感興趣；
- 感到不安、抑鬱、焦慮、自責、羞恥；
- 自我價值降低等。

你和你的情緒狀態都非常重要，一定會被重視的！

最令媽媽辛苦的狀態：妊娠嘔吐！

噁心嘔吐、揀飲擇食？恭喜恭喜！

一世紀前，孕吐被認為是心理作用，也被不禮貌對待，但事實並非如此。

害喜為早孕反應，**代表妊娠相關激素持續增長**，子宮內膜變得更厚，寶寶在子宮內才會住得穩固。近年更有研究發現，出現孕吐的話，**流產情況會減少**。不過，沒有研究顯示無出現或孕吐輕微的妊娠會有較高的流產風險，孕媽媽大可放心。

妊娠嘔吐中西看

妊娠嘔吐（孕吐）是最常見的懷孕生理現象，孕媽媽早上起來常常作嘔、討厭油膩，又會偏食、嗜酸、頭暈。一般來説，**只須改變飲食習慣，便可令情況改善**，不需特別治療。不過，若反胃嘔吐症狀劇烈，一天達 5 至 6 次，甚至聽到進食就嘔吐，水米不進，影響營養吸收及懷孕質素，就要及早就診了！

1 西醫看孕吐

懷孕期間身體會分泌妊娠激素（孕酮，Progesterone，P4），導致十二指腸（上小腸）的食糜及消化液迴流到胃中，腸道蠕動亦異常緩慢，因而引發孕吐。而 P4 也有可能是由人絨毛膜促性腺激素（Human chorionic gonadotropin，hCG）上升引起的。

HCG 通常被稱為懷孕激素，是在卵子受精後由胚胎中形成的細胞分泌出來的。

當受精卵附着在子宮壁上，HCG 便開始上升。

HCG 在懷孕的首 11 週慢慢上升到頂峰，然後在孕期剩餘時間裏再下降至一定水平。因此，孕吐多在懷孕首三個月最為明顯，症狀多在 3 至 4 個月後，便慢慢消失。

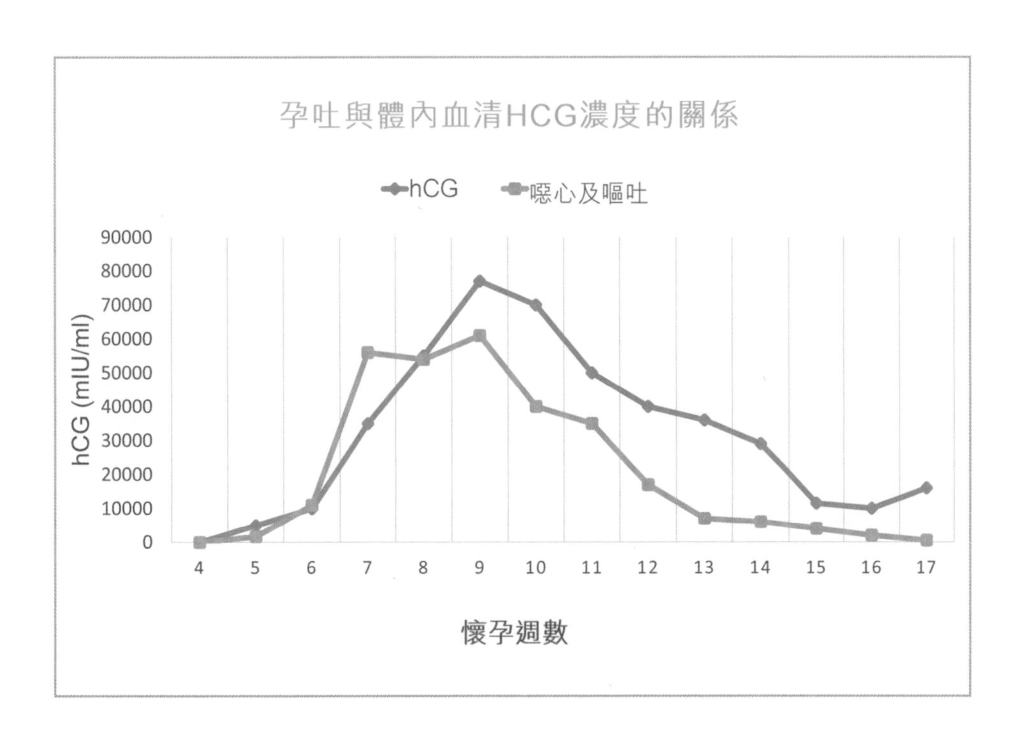

由於某些懷孕及身體異常的情況，可使身體的 HCG 水平大大增高，例如懷雙胞胎、葡萄胎及甲狀腺毒症等。這些孕媽媽或病患者會出現比較嚴重的嘔吐。

嚴重嘔吐可引致脱水及電解質不平衡。若有以下症狀，**須立刻求診**，接受適當的治理，例如入院打點滴、吊鹽水和服用止嘔藥。

❶ 24 小時內無法進食；
❷ 體重下降；
❸ 小便呈深色或 8 小時以上無小便；
❹ 感覺虛弱、嚴重不適、暈眩、神智不清、抽筋；
❺ 腹痛、發燒、吐血等。

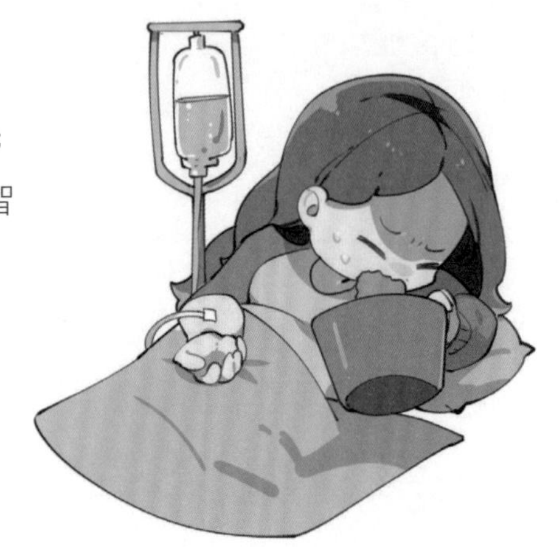

2 中醫看孕吐

最容易害喜的體質

熱型 / 陰虛、氣虛 / 陽虛、痰濕

（想知道自己屬哪種體質？請參看附錄：「學」多一點 —— 九型體質知多點，第 97 頁。）

從中醫角度來看，孕吐的主要機理是「沖氣[1]上逆犯胃，胃失和降」。簡單來説，就是身體的氣血用來滋養胎兒，以致肝脾胃的氣血不足，功能失常，發為嘔吐。最多見有以下三種類型：

體質	相應的孕吐證型	症狀特點
熱型、陰虛	肝熱型	■ 嘔吐酸水或苦水、胸脅滿悶不適、噯氣、嘆氣、頭暈目眩 ■ 心情煩躁，情緒容易激動，憤怒或鬱悶後引發嘔吐，或有胃灼熱不適 ■ 伴有熱型或陰虛體質特點
氣虛及陽虛	胃虛	■ 吐出食物（甚則食入即吐）、脘腹脹悶 ■ 口淡不渴，無胃口，不想進食 ■ 疲倦，時常想睡覺，勞動或休息不足則嘔吐加劇 ■ 伴有氣虛或陽虛體質特點
痰濕型	痰濕阻滯	■ 嘔吐食物痰涎、胸膈滿悶、頭暈目眩 ■ 不想進飲食，口淡，有黏膩感 ■ 或伴隨氣虛的症狀，如心悸氣短 ■ 伴有痰濕體質特點

1 沖脈是一條起於起於胞宮（子宮）的經脈，與肝、腎、胃經均有連繫，可以調節胃部氣機升降。妊娠時，氣血都下聚養胎，沖脈之氣盛，加上各種因素（如體質、情緒）影響，沖脈之氣就會挾肝火、胃氣或痰飲上逆，侵犯胃腑，引起妊娠嘔吐。

孕吐生活中西話

1 孕吐起居四原則

起居四「要」

休息要充足，起床要緩慢，空氣要流通，心情要放鬆。

i 休息要充足

- 休息足夠，避免體力透支。
- 感到疲勞，躺下休息，閉目養神，傾聽身體需要。

ii 起床要緩慢

- 孕吐一般在清晨空腹時最劇烈，突然的體位改變和猛烈的動作有機會刺激胃腸，加重噁心或嘔吐，所以要緩慢地起床。
- 在床邊備餅乾，晨起先吃一兩塊，休息一會再慢慢起來。

iii 空氣要流通

- 經常打開窗戶，或設置風扇，確保空氣流通。
- 孕媽媽和家人切忌吸煙。
- 減少去人多和空氣混濁的地方。
- 找出孕媽媽特別敏感的氣味，例如油煙、肉腥、香水味，避免接觸。

iv 心情要放鬆

- 合理認識懷孕過程，勿過分擔心。
- 自我放鬆心情，適時與人分享。

■ 多做靜態的怡情活動，轉移思緒，如聽音樂、閱讀。
■ 家人予以支持、鼓勵，以及溫和的關懷，勿責怪或給予壓力。
■ 舒適和吸引就餐的環境、餐具等，例如使用孕媽媽喜歡的顏色。

2 孕吐飲食四守則

飲食四「要」

食物清淡要有營，質地乾濕要平衡，食量適度要及時，良好習慣要實踐。

i 食物清淡要有營

■ 選擇清淡而容易消化的食物。
■ 選擇低脂、含豐富碳水化合物的食物（如飯、麵、薯蓉）。
■ 儘量按孕媽媽的胃口提供喜歡的食品。
■ 避免進食油膩、煎炸，或濃味食物（如咖啡、蒜頭、香料），以免誘發噁心或刺激胃酸分泌。

ii 質地乾濕要平衡

■ 多吃乾身的食物（如麵包、餅乾）。
■ 選擇酸味的飲料（如檸檬水、酸梅汁）。
■ 避免一次飲用大量流質。
■ 嘔吐或會使水分流失，要適量補充。
■ 湯水可在餐與餐之間少量飲用，一方面避免胃脹，一方面保持有胃容物。

iii 食量適度要及時

- 不可餓肚子，因空腹時胃酸分泌增多，反而容易引起嘔吐。
- 少食多餐，可每 2 至 3 小時進食一次固體或流質食物。
- 不可過飽，以免脹氣。
- 進食後勿平臥。
- 有需要時可在睡覺前吃少許食物，如梳打餅。

iv 良好習慣要實踐

- 勿因不適而絕食，休息後要堅持再進食。
- 嘔吐後用溫暖清水漱口。
- 及時清理嘔吐物，避免氣味反覆刺激。
- 空腹時或進食後，避免立即刷牙及刷舌頭，以免刺激引起反胃。
- 衣着要寬鬆，尤其進餐時。

3 求診西醫找方法

孕媽媽可向婦科醫生或家庭醫生説明孕吐的具體情況，包括時間、次數、誘因、程度等，評估是否需要進食處方的營養補充劑或藥物，以及是否需要調整正在使用的西藥。

1. 醫生或會與孕媽媽討論產前維他命的使用，避免有特殊味道的維他命。
2. 在醫生指導下服用**維他命 B6**，有研究證明可助減少孕吐。
3. 醫生會在適當時處方止嘔藥物，幫助孕媽媽紓緩症狀。
4. 使用鐵補充劑可能會加重孕吐，或需停用或調整用藥。

4 中醫體質護養有辦法

如前所述，中醫認為孕吐與肝、脾、胃三臟最為相關，調節這三個臟腑對減緩孕吐尤為重要。

調治準則

舒肝降逆止嘔、調和脾胃

體質	調理原則
熱型、陰虛	清熱安胎，理氣寬中，平肝和胃。
氣虛、陽虛	健脾益氣，行氣止嘔。
痰濕	理氣安胎，行氣化濕，溫中止嘔。

i 經穴按壓及貼敷

穴位止吐法可以理氣和胃，平降沖逆，從現代醫學角度，能促進消化腺分泌和排泄，增強胃腸功能及保護胃黏膜，使孕媽媽的嘔吐不適症狀能較快緩解和消除。

配合中藥貼敷，通過皮膚滲透和經絡傳導，藥穴雙效，更可同步加強對體質的調整，使進食量逐漸增加。因毋須進食刺激味覺及胃部，此法特別適用於出現妊娠嘔吐而毫無食慾或食入即吐的孕媽媽。

經穴按壓

利用拇指指腹按壓穴位，順時針方向輕輕按揉 3 至 5 分鐘，可重複多次操作，左右側交替。孕媽媽可以根據體質及症狀選擇合適穴位。

上脘

【歸經】 任脈[2]

【位置】 在上腹部，前正中線上，當肚臍上方 5 寸。

【功效】 健脾和胃，理氣降逆止嘔。

內關

【歸經】 手厥陰心包經

【位置】 前臂掌側，當曲澤與大陵的連線上，腕橫紋上 2 寸（三橫指），掌長肌腱與橈側腕屈肌腱之間。

【功效】 宣通氣機，寬胸理氣，和胃降逆，止嘔吐，寧心安神，止眩暈。

中脘

【歸經】 任脈

【位置】 上腹部，前正中線上，當肚臍上方 4 寸。

【功效】 健脾和胃，消積化滯，理氣止痛，升清降濁，降沖逆，降胃氣，治療胃腑諸病。

足三里

【歸經】 足陽明胃經

【位置】 在小腿前外側，當犢鼻下 3 寸（四橫指），距脛骨前緣一橫指（中指）。

【功效】 健脾理氣，和胃降逆，化生氣血，扶正祛邪。幫助消化，增進食慾，增強體質。

【歸經】 足厥陰肝經

【位置】 足背第 1、2 蹠骨間隙的後方凹陷處。

【功效】 疏肝解鬱，平抑肝陽，鎮驚息風，理氣利膽，明目。

---

2 任脈穴位以「骨度分寸法」量度：由天突至胸骨劍突聯合為 9 寸，胸骨劍突聯合至肚臍的垂直線為 8 寸，由肚臍至恥骨連合上線為 5 寸。

經穴貼敷

孕媽媽根據體質情況，運用以下的方案，自製藥貼敷在穴位上，加強對穴位的刺激，以助緩解不適。

將中藥打成幼粉，用沸水調和至半固體狀的藥膏，取適量（約 1cm X 1cm 大小）置於膠布上，將藥豆對準穴位貼上，貼敷 2 至 6 小時。

體質	選取穴位	貼敷配方
熱型、陰虛	中脘、內關、太沖	黃芩 8 克、黃連 8 克、梅花 6 克、蘇葉 3 克、丁香 2 克
氣虛、陽虛	中脘，內關，足三里	木香 5 克、炒白術 10 克、砂仁 5 克、蘇梗 6 克；薑汁少許
痰濕	中院、上院、內關	砂仁 6 克、蘇梗 10 克、豆蔻 6 克、陳皮 3 克；薑汁少許

注意：

1. 首次使用，先敷 15 分鐘，如無不適，可貼敷 2 小時。及後使用時，可再延長時間，但應時時留意及檢查皮膚狀況。
2. 如有任何明顯敏感反應，例如瘙癢、紅腫，立即停用，並以清水沖洗。
3. 穴位周圍有皮損或感染者不可使用此法。
4. 建議先向醫師諮詢體質情況，可更放心應用。

ii 耳穴[3]按壓

與經穴按壓法一樣，此法同樣合適難以進飲食的孕媽媽。

方法：用指甲按壓耳部指定的穴位，由輕至重，使之產生痠、麻、脹痛感。兩耳交替取穴。每穴位按壓 10 秒，換另一穴位，重複三遍。每天四至五次，或在不適明顯時進行按壓。

注意：按壓力度應均勻，不要太大力，免致皮損。

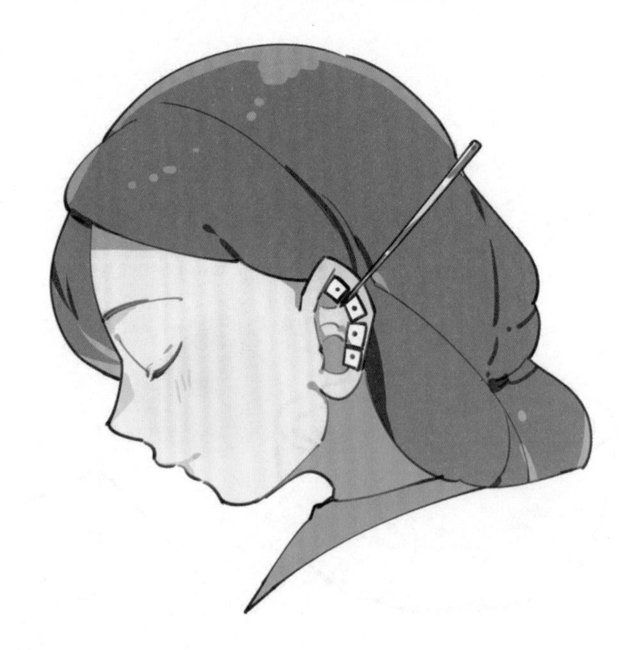

3 耳朵與身體各個臟腑及經絡關係非常密切，可反映、治療、緩解身體病變。

	選取耳穴	作用
1	皮質下 *	緩解神經反射引起的嘔吐
2	賁門	治療神經性嘔吐
3	內分泌	調節自主神經功能紊亂
4	神門	
5	交感	
6	肝	調理相應肝臟功能，如嘔吐酸水或苦水，可加強刺激此穴
7	脾	調理相應脾臟功能，如嘔吐食物，可加強刺激此穴
8	胃	調理相應胃部功能，如嘔吐痰涎，可加強刺激此穴

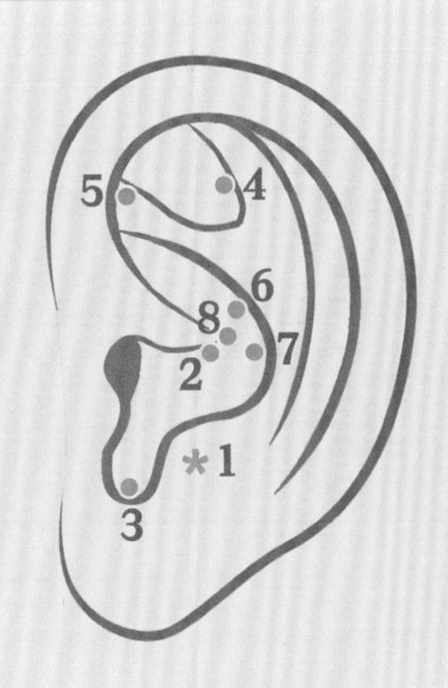

註：●是正面，★是背面 / 內側面

iii 食療

防治嘔吐從飲食開始。除了改變一些飲食的方法，選擇食物也非常重要。從中醫角度，選擇對的食材有助調整體質，加上某些食物具有特定作用，例如止嘔，有助減輕孕媽媽不適症狀。

孕吐常用保健食材

食材／藥材	性味	功效	體質及適用度				
			熱型	陰虛	氣虛	陽虛	痰濕
甘蔗	甘，涼	清熱生津，潤燥和中	***	**			
紫蘇葉	辛，溫	散寒解表，行氣化痰，安胎			*	*	**
紫蘇梗	辛，溫	理氣寬中，安胎，和血			**	**	***
生薑	辛，溫	散寒解表，降逆止嘔，化痰止咳	*	*	**	***	**
陳皮	辛，苦，溫	理氣調中，降逆止嘔，燥濕化痰	*	*	**	**	***
鯉魚	甘，平	健脾和胃，下氣利水，通乳，安胎	*	*	**	**	***
鯽魚	甘，平	健脾和胃，利水消腫	*	*	**	**	***
鮮蓮藕	甘，寒	清熱生津，涼血止血	***	**			
羊奶	甘，微溫	補虛，潤燥，和胃			**	***	

食材／藥材	性味	功效	體質及適用度				
			熱型	陰虛	氣虛	陽虛	痰濕
檸檬	甘，酸，涼	生津解暑，和胃安胎	**	***	**	**	**
橘皮	辛，苦，溫	行氣健胃、燥濕化痰	*	*	**	**	***
雞蛋黃	甘，平	滋陰潤燥，養血息風	*	***	***	***	*
鯇魚	甘，溫	平肝息風，溫中和胃	*	*	***	***	**
烏梅	酸，澀，平	斂肺澀腸，生津		*	**	**	**
柑橘	甘，酸，平	潤肺生津，理氣和胃	*	**	**	**	*
楊梅	甘，酸，溫	生津止渴，和中消食			**	**	*
佛手瓜	甘，平	理氣和中，疏肝止咳，利尿	***	**	**	**	***
小米	甘，鹹，涼	和胃，益腎，除熱	**	***	**	*	**

* 應避免單獨及大量進食任何食材，並按體質進行合理配搭。
* 如有任何疑惑，應向合資格中醫師查詢。

緩吐食療推薦

另外，以下有多個合適不同體質的簡易食療方，具有緩解孕吐的作用，而且食材都適合孕媽媽，對胎兒無害，大家不訪一試。

熱型體質

【甘蔗生薑飲】

材料：甘蔗汁 300 毫升、生薑 2 片、水 50 毫升

做法：將材料放入鍋中煮沸後，關火焗 10 分鐘，倒出後頻頻少量飲用。

【蘆根蓮藕粥】

材料：鮮蘆根 100 克（或乾蘆根 15 克）、蓮藕一節、大米 40 克、薑 1 片

做法：大米洗淨，浸泡。蘆根洗淨，鮮者切段去節，放入鍋中，加水適量，煮沸後轉小火，煲 30 分鐘，取液。蓮藕榨汁取液。大米連水、蘆根湯、藕汁、薑片，再加水適量煮粥後，溫暖服食。

【丁香蒸雪梨】

材料：丁香 5 粒，雪梨 1 個。

做法：雪梨洗淨，水平切開頂部，將丁香插入肉中，再蓋好。將整個雪梨蒸約 30-40 分鐘，去掉丁香粒，食雪梨肉。

陰虛體質

【薑汁鮮奶】

材料：牛奶 150 毫升、薄生薑 2 片

做法：牛奶及薑片放入鍋中加熱，以中火溫熱牛奶，在沸騰前關火，倒入杯中，溫熱飲用。

【百合蛋黃小米粥】

材料：鮮百合 1 個、小米 50 克、雞蛋黃 1 隻、水適量

做法：小米浸泡半小時。鮮百合洗淨並拆開。適量水煮沸後，加入小米，煮滾後轉小火煲 30 分鐘，期間適當攪拌避免黏鍋。加入鮮百合，再煮 10 分鐘。一邊攪拌，一邊倒入打散的蛋黃，再略煮一下，即成。

氣虛體質

【橘皮生薑飲】

材料：橘子 2 個、生薑 1 片、紅糖少許、水適量

做法：橘子洗淨後刨取橘皮（橙色部分），生薑去皮切細末。橘皮及薑末同放杯中，以沸水沖泡飲用。

【蘋果炒米茶】

材料：蘋果 1 個、大米 20 克、陳皮 1 角、水適量

做法：陳皮預先浸軟。將大米放入鍋中，以小火炒至金黃色。蘋果徹底洗淨。削蘋果皮備用，另去核榨汁。陳皮切絲，放入鍋中，置水適量，煲 10 分鐘，再放入炒黃大米、蘋果皮，關火，燜焗 10 分鐘。隔渣取液，加 1 湯匙蘋果汁，即可享用。

【烏梅薑糖飲】

材料：烏梅乾 3 顆、生薑 1 片、紅糖 1/4 至 1/2 茶匙、水適量

做法：將烏梅置入鍋中，加水煮沸，轉小火，煲半小時。用叉子將烏梅略壓爛，放入薑片及紅糖，再煮 5 分鐘，隔渣取液飲用。

痰濕體質

【三皮止吐飲】

材料：柚皮 15 克、陳皮 1 角、薑皮 2 克、白蓮子 10 克、水適量

做法：材料洗淨，陳皮及蓮子先浸泡，陳皮去瓤，蓮子去芯。柚皮切小塊。將所有材料放入燉盅內，加水適量，大火燉 1.5 小時即可。

【蘇葉鮮魚湯】

材料： 鯽魚或鯇魚約半斤、鮮紫蘇葉連莖 10 克、薑 2 片、砂仁 1 粒、水適量、鹽少許

做法： 魚洗淨瀝乾，兩面抹鹽少許，靜置 10 分鐘。蘇葉洗淨切碎。熱鑊落油，爆香薑片，再以小火將魚煎至兩面金黃色，注入水，大火煮沸。放入紫蘇葉，轉慢火煲 20 分鐘，倒出。砂仁洗淨，壓破外皮後，灑上魚湯，即成。

若孕吐較重、嘔吐較頻繁、進食有困難，先要建立信心，切不可因畏懼而停止飲食或食療方案。孕媽媽可循序漸進，先進食一小口。如服用後吐出，可稍作休息，當不適感緩解後再服。經過一些時間，待食療（或其他治療與養生方法）發揮作用後，孕吐會一點點地減輕，甚至有機會消失。

食療效果因人而異，即使是相似體質，進食同一食療，孕媽媽們也可有不同反應，方法是否湊效可能需要不斷嘗試。

iv 其他

含薑法

方法： 以生薑輕擦舌頭，或在進食前半小時內，口含 1 片生薑。

香開蒸氣法

方法： 將配方材料放入沸水中煮 3 至 5 分鐘後倒入碗中後，孕媽媽以鼻子緩緩吸入藥液芳香之氣。

配方一： 新鮮芫荽（切段）20 克、藿香、砂仁（碎）各 5 克

配方二： 柚子皮（小丁）10 克、丁香 10 粒、蘇葉 5 克

中醫話

"潮媽有 SAY：使用防孕吐手環可以嗎？"

近年，市面推出了「防孕吐手環」，聲稱以自然方法有效地緩解孕吐，絕無副作用，且能重複使用……

其實，這條腕帶主要是利用中醫原理，長期按摩及刺激內關穴而取效。

中醫學的內關穴屬心包經，通陰維脈，對心胃、胸腹、神志等疾病具有治療作用，可以調和氣血、寬胸和胃、寧心安神、降逆止嘔。

除了緩解孕吐，日常舟車暈浪，肩嘔胃痛，按壓內關穴亦十分有效。因此，孕媽媽、容易胃痛和頭暈的人士，都不妨一試這類型的產品。

那麼，必須兩手均帶上手環才有效果嗎？

同一時間刺激雙穴，效果有機會比單側來得明顯，但即使只按壓一側穴位，仍有一定療效的。

無論是人手刺激穴位、使用腕帶，重要的是取穴準確，方能湊效。此外，孕媽媽也可同時按壓足三里、中脘等其他有助緩解孕吐的穴位以加強效果。

內心小劇場

"會過去的！"

孕吐雖難捱，但終會「講 BYE BYE」，給孕媽媽一個錦囊：

當很辛苦嘔吐時，
緊記「會過去的！」
要堅持啊！

最讓媽媽痛心的事情：流產！

流產是妊娠早期的常見併發症，意思是孕媽媽腹中的寶寶自然死亡。

研究報告表示，已知自己懷孕的孕媽媽，有 12-20% 在妊娠 20 週內會發生流產。當中 60-75% 的流產屬早期流產，發生在妊娠早期（首 12 週內）[1]。

1 發生在妊娠中期（12 週至 23 週 6 日）的流產歸納為「中期流產」。假如踏入 24 週，寶寶不幸死亡，稱「非活產」、「胎死腹中」或「死產」；倘若寶寶只是提早出生，則已算「早產」。

為何偏偏選中我？——流產的風險和原因

最常見的流產成因是**「嬰兒染色體異常」**。當精子和卵子結合後，細胞的分裂過程出了問題，造成有問題胚胎，於是便被自然淘汰，形成流產。

另一個與流產有關的是**年齡**。根據皇家婦產科學院的數據，孕媽媽 30 歲的流產風險約為 10-20%，而 40 歲以上則是 50%[2]。

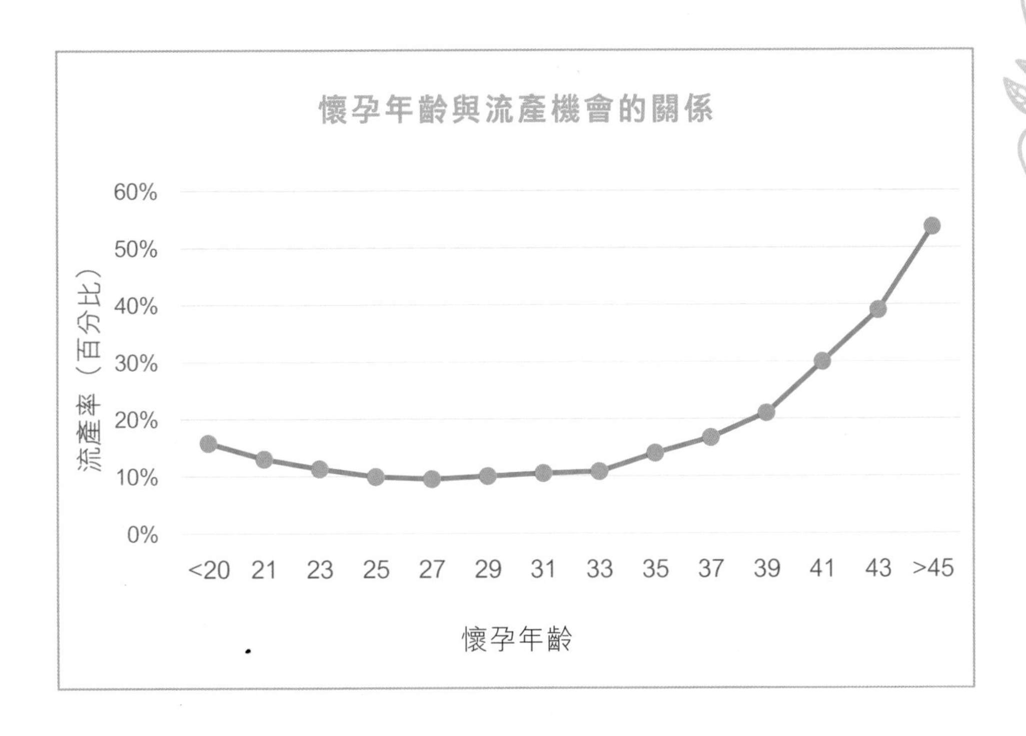

2 更詳細的研究：https://www.bmj.com/content/364/bmj.l869。25-29 歲的孕媽媽流產風險最低（9.8%），27 歲時達到絕對最低（9.5%）。年齡小於 20 歲的流產風險為 15.8%，而 45 歲及以上風險則是最高，達 53.6%。

增加流產機會的因素	
早期流產（12 週以內）	**中期流產（12 至 23^{+6} 週）**
胎兒染色體異常	疾病影響，如糖尿病控制不佳、高血壓病、甲狀腺疾病、多囊卵巢綜合症等
年齡大	感染問題，德國麻疹、梅毒、細菌性陰道炎等
過胖	食物中毒：李斯特菌病（如藍芝士）、弓形體病（生肉）、沙門氏菌（生蛋）
不良習慣，如吸煙、飲酒	子宮結構異常
攝取過量咖啡因	宮頸功能不全
使用非法藥物	不適當使用藥物

有孕媽媽會疑問，是否自己太緊張，又或者在懷孕初期曾發生性行為，刺激子宮收縮而引致流產？事實上，還沒有任何證據表明這兩個因素導致流產。

流產可以預防嗎？

早期流產在絕大多數情況下都沒有明顯原因，加上許多危險因素（如年齡），亦非可控制的範圍，所以難以進行針對性的預防。

不過，根據各種可能與流產相關的原因，孕媽媽和爸爸可以：

1. 建立良好的生活習慣，維持**健康的身心狀態**，以提升精子及卵子的質量；
2. **保持衛生**，防止傳染性疾病；
3. **定期檢查身體**，及早發現任何疾病，並作出治療及調護，好好**控制病情**；
4. 懷孕後，孕媽媽**按期進行產檢**；
5. **應用藥物前，先向醫生查詢**，緊記向醫生表示懷孕的準備及可能。

點知「作小產」與「已流產」？
——流產的先兆與癥狀

「作小產」與「流產」不相同。作小產的孕媽媽，並不一定會流產，而流產的孕媽媽又不一定經歷過「作小產」。

「作小產」又稱為「先兆流產」，多不會對胎兒的發育構成負面影響。孕媽媽出現輕微陰道出血，並可能伴有腰腹重墜或疼痛表現。作小產雖有機會發展成流產，但臨床上亦有不少成功保胎的個案。因此，作小產的孕媽媽在作最壞打算之餘，亦應積極應對，盡力安胎。

流產則不同，胎兒已停止生長、失去心跳。孕媽媽會出現陰道流血，甚至可見羊水、血塊、組織，並失去明顯的妊娠反應（如孕吐、胎動），常伴見腹痛或絞痛表現。

當出現陰道流血，醫生會運用超聲波掃描寶寶情況[3]、檢查子宮頸的開合，以及檢驗或連續測量人絨毛膜促性腺激素（βhCG）水平，以作診斷。

3 醫生可能建議你進行經陰道超聲掃描（將探針輕輕插入陰道）或經腹掃描（將探針放置在腹部），或偶爾兩者兼而有之。這兩種掃描都不會增加流產的風險。

原來未流產 —— 中西點保寶？

胎心在，寶寶在。

如果孕媽媽只有少量陰道流血，未確診流產，寶寶的胎心仍在，中西醫都可以為孕媽媽作保胎行動。

假如發現寶寶的胎心暫時不見了，而孕媽媽出血並不多，沒有或只有十分輕微的腹痛，宮頸情況尚良好，也可給予多一點時間，嘗試保胎。

孕媽媽可短期內採用以下的經典保寶大法：

1 使用西藥

對於可以保胎的情況，西醫一般會根據作小產的原因，予以安胎藥，最常用的是黃體酮。黃體酮有分口服、針劑、塞藥。

有時候，醫生也會因應個別情況需要，配合或選擇其他藥物。

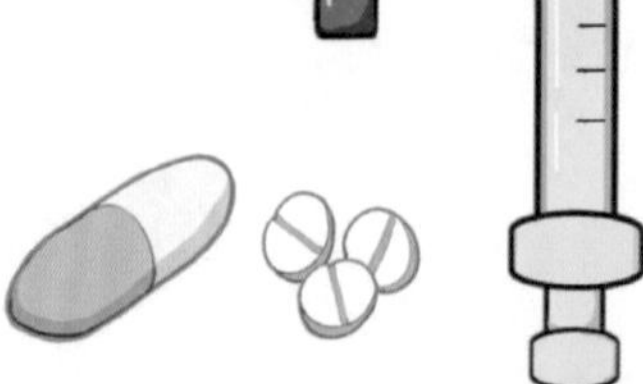

西醫話

“「安胎聖藥」黃體酮有用嗎？”

經常有確診流產的孕媽媽問：「黃體酮可以救到寶寶嗎？」

黃體酮是一種荷爾蒙，可透過注射、口服或置入陰道內使用，主要作用為增加子宮的血液循環、幫助胎盤生長及着床、減少子宮收縮的風險。

一般來説，孕媽媽在懷孕一開始時便可在醫生指示下服用黃體酮，胎盤形成後（約 8 至 10 週）便可停服。如果在懷孕過程中出現先兆流產徵狀（例如少量出血），醫生也有機會予以黃體酮。

研究表明[4,5]，習慣性流產（連續 3 次或以上自然流產）的孕媽媽服用黃體酮後，胎兒出生率可增加 15%；而對於早期妊娠時陰道出血或曾有流產史的孕媽媽，則可增 3%。至於從未出現過流產的孕媽媽，則沒有明顯差異。

總的來説，黃體酮可以有效減低流產風險，增加胎兒存活率，

但它並不是萬靈丹，

不代表可以在孕媽媽流產時「救胎」，保證防止流產。

此外，雖然黃體酮對寶寶不會構成危險（例如致畸[6]），但任何藥物均有其副作用。黃體酮或可使孕媽媽感到噁心、頭痛、頭暈、心情抑鬱、乳房脹痛、水腫或過敏等。

因此，孕媽媽應在合資格醫生處方下才使用黃體酮。

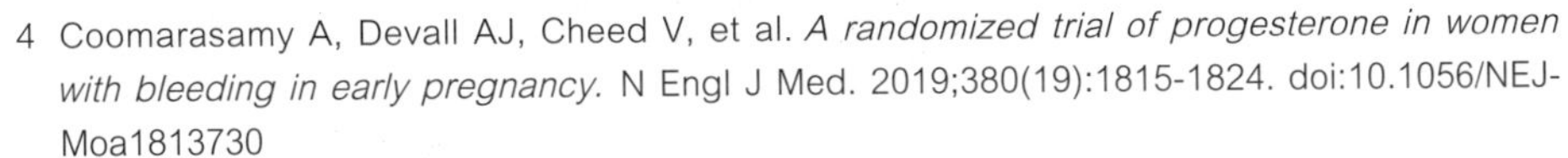

4 Coomarasamy A, Devall AJ, Cheed V, et al. *A randomized trial of progesterone in women with bleeding in early pregnancy.* N Engl J Med. 2019;380(19):1815-1824. doi:10.1056/NEJMoa1813730

5 Coomarasamy A et al. *A Randomized Trial of Progesterone in Women with Recurrent Miscarriages*. N Eng J Med 2015 Nov 26;373(22):2141-8. doi: 10.1056/NEJMoa1504927.

6 Queisser-Luft A. *Dydrogesterone use during pregnancy: overview of birth defects reported since 1977.* Early Hum Dev. 2009;85(6):375-377. doi: 10.1016/j.earlhumdev.2008.12.016

2 服用中藥

中醫學認為，流產與「沖任不固[7]」有關。所以醫師會在「固沖、安胎、止血」的基礎上，根據孕媽媽的體質證候組方中藥保胎，腎虛明顯者補腎，氣虛者補氣，血虛者養血，血熱者涼血，陰虛者滋陰涼血……

常用的安胎中藥有桑寄生、阿膠、菟絲子、黃芩、白朮、杜仲、砂仁、竹茹、苧蔴根、續斷、紫蘇葉等。

為保障母子平安，各位孕媽媽千萬不要自行胡亂使用中草藥，應就診合資格的註冊中醫師。

中醫話

“「十三太保」可保寶？”

看古裝電視劇、電影時，當懷孕的女角作小產，大夫總會開一劑「十三太保」安胎。到底「十三太保」有何神效？

「十三太保」現在已沒過去那般流行，年青孕媽媽一般更不會主動要求使用。不過，很多時候，也會聽到一些孕媽媽説，家中長輩自作主張為她們熬製了這服代代相傳的「安胎藥」。

飲，還是不飲？

「十三太保」出自清代婦科的重要著作《傅青主女科》，原為「保產無憂散／保產神效方」，由厚朴、艾葉、當歸、荊芥穗、川芎、炒枳殼、黃芪、菟絲子、羌活、川貝、炒白芍、生甘草及老生薑組成。因有十三味中藥，被民間引用後稱為「十三太保」。

「十三太保」不是初孕安胎方，而是晚期順產方！

---

7 沖脈和任脈是中醫理論中奇經八脈的其中兩條經絡，與腎、脾二臟的關係最為密切，掌管月經與妊娠生理。如果沖脈氣血旺盛，正常流動，使可令胞宮充盈，得到滋養。假如臟腑、氣血出現問題，又或者有外邪入侵，損傷了沖脈和任脈的功能，腹中寶寶就會失去滋養。

根據《傅青主女科》原文，還有「十三太保」的方藥應用分析，這個方藥並不是用來補益氣血、固胎安胎，而是針對妊娠晚期胎位不正、胎動不安、晚產難產的情況，運用輕劑量的藥材，活血化瘀、行氣益氣，目的是在不削弱孕媽媽正氣及影響寶寶的情況下，幫助順利分娩。

十三太保的某些用藥較為辛燥，又具行氣活血的作用，必須要根據孕媽媽體質情況決定是否服用，並隨證加減。大部分孕媽媽在懷孕時都補湯不離口，若體質本已偏熱，再誤用性質偏於溫熱的藥方，就會火上加油，反傷胎元了！

③ 減少活動，臥床休息

建議孕媽媽在短期內（數天至一週），多臥床休息，減少體能活動，並避免外出，一方面減少外來因素誘發子宮收縮，另一方面減低外界對身心構成刺激的可能。

4 減少腹壓

要避免增加腹壓的動作，**不要提拿重物**，減少上落樓梯、蹲跪、用力打噴嚏或咳嗽、用力吹氣、大笑、大叫、大哭。假如大便不暢，暫不要強求，**切勿過度用力排便**。

5 注意飲食

對於不同體質，孕媽媽也有相應要注意的地方。孕媽媽可**按體質多吃具溫補腎陽、益氣養血或滋陰清熱功效，兼能止血的食物**。

千萬**不要進食辛辣**、刺激性大、過於溫補（如羊肉、蒜、肉桂）**或寒涼**（如蘿蔔、綠豆、海藻、西洋菜）的食物，以免動火，耗傷陰血，又或令脾腎虛寒，這些都不利保胎。

臨床所見，本港的孕媽媽體質以虛證為多，以下列舉三類較常見的情況。

體質與證型	先兆流產的症狀	飲食原則	常用食材及藥材
腎虛（氣虛、陽虛）	小腹墜重疼痛，腰背酸痛明顯。陰道少量出血，色淡紅或淡暗，質清稀。常曾有墮胎或流產經歷。 **其他症狀**：頭暈耳鳴，腳軟無力，尿頻，夜尿多，腹部不溫。 **舌脈**：舌胖苔白，脈沉滑弱。	溫補腎陽，止漏安胎	豬腰、核桃、甜椒、酸石榴、水牛肉、牛髓、羊骨、鹿血、糯米、花生衣、烏賊骨、覆盆子、菟絲子、杜仲、山萸肉、淮山、續斷、艾葉、鹿角膠、桑寄生等。
氣虛、血虛	陰道少量流血，色淡，質偏稀，或流黃水，見腰腹脹痛及墜痛。 **其他症狀**：面色淡白或萎黃，精神倦怠，怕冷乏力，心悸氣短。 **舌脈**：舌淡苔白，或有齒痕，脈細弱無力。	益氣養血，止漏安胎	黃花魚、雞肉、鯽魚、番薯葉、豬血、黑芝麻、栗子、蓮子、黃芪、黨參、扁豆、阿膠、白芍、熟地、紅棗、杞子、仙鶴草等。
陰虛	陰道出血，色鮮紅或紫紅質稠，或腰腹墜脹作痛。 **其他症狀**：口乾咽燥，心煩不安，心悸失眠，手足心熱，兩顴潮紅，午後發熱；熱甚則頭暈而脹，胸脅滿痛，煩躁易怒，口苦咽乾。 **舌脈**：舌紅少苔，脈細滑而數；或舌紅，苔薄黃，脈弦滑數。	滋陰清熱，止漏安胎	銀耳、菜心、蓮藕（節）、薺菜、赤小豆芽、石耳、芹菜、欔葉、蓮鬚、椰子水、牛奶、豬皮、茅根、桑椹子、生地、苧麻根、女貞子、旱蓮草、石斛等。

另外，孕媽媽不要吃生冷的食物，緊記保持飲食衞生，以免發生嚴重腹瀉，刺激子宮收縮，加重出血情況。

人人體質不同，任何食物都不宜一次食用過量。另外，應用食療前，最好先向合資格中醫師查詢。

6 刺激穴位

適度刺激合適穴位，調節臟腑及經絡功能，可以幫助安胎。針刺或艾灸治療須由合資格中醫師操作，各位孕媽媽在家中可以用甚麼其他方法進行穴位刺激呢？

i 按穴法

直接用手按壓或揉按，可刺激穴位，達到**補腎健脾，升陽益氣**的效果。

穴位：隱白（雙側）、公孫（雙側）、復溜（雙側）、膻中、百會。
方法：用拇指緩慢地輕輕按揉上述穴位，每穴 3 分鐘，一天 3 至 5 次。

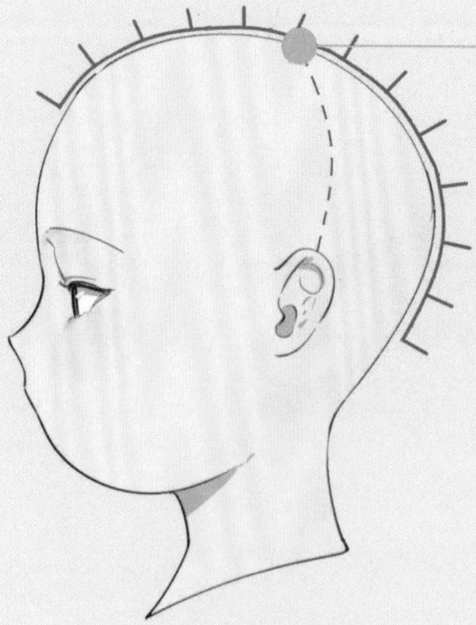

百會

【歸經】督脈
【位置】頭頂正中線與兩耳尖連線的交點處。
【功能】百會升陽舉陷，膻中補氣利氣寬胸，兩穴配合對胎兒有升提上舉的效果。

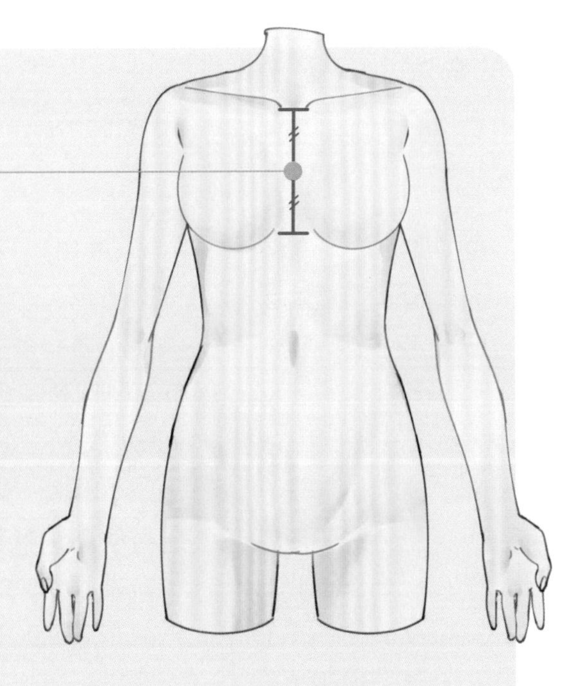

膻中

【歸經】任脈

【位置】胸部正中線平第四肋間隙處，約當兩乳頭之間。

【功能】膻中補氣利氣寬胸，百會升陽舉陷，兩穴配合對胎兒有升提上舉的效果。

公孫

【歸經】足太陰脾經

【位置】足內側緣，第 1 蹠骨基底前下方凹陷處，赤白肉際處。

【功能】是脾經經氣與絡氣交會的樞紐，能健脾益胃，通調經脈，安胎。

隱白

【歸經】足太陰脾經

【位置】足大趾末節內側，距腳趾甲角 0.1 寸。

【功能】益氣，統攝血液，促進脾統血與肝藏血的功能而止血。

復溜

【歸經】足少陰腎經

【位置】小腿內側面，足內踝尖與跟腱之間凹陷處的直上 2 寸（三根橫指），跟腱前方。

【功能】滋陰益腎利水。

ii 貼敷法

利用中藥外敷的方法，讓藥物經皮滲透吸收，發揮效果，補腎健脾，養血安胎。

穴　　位： 足三里（雙側）、三陰交（雙側）、湧泉（雙側）、脾俞（雙側）、腎俞（雙側）。

方　　法： 將中藥研磨成細末，加入適量蜂蜜調和成直徑約 1 厘米的藥餅，敷在穴位上，以紗布及防敏醫用膠布固定，留置 1 至 2 小時，每天 1 次。

中藥配方： 艾葉、菟絲子、桑寄生、川續斷、苧麻根、砂仁、蘇梗各 10 克。腎虛明顯加杜仲 10 克，氣血虛弱則加黃芪、白朮各 10 克；陰虛加女貞子、桑椹子、旱蓮草各 10 克；熱性症狀明顯加黃芩 10 克。

注　　意： 如有皮膚過敏或皮損，不能應用。

足三里

【歸經】 足陽明胃經

【位置】 外膝眼下 3 寸（四橫指），脛骨前緣外一橫指（中指）處，當脛骨前肌中。

【功能】 調理脾胃，益氣養血，扶正培元。

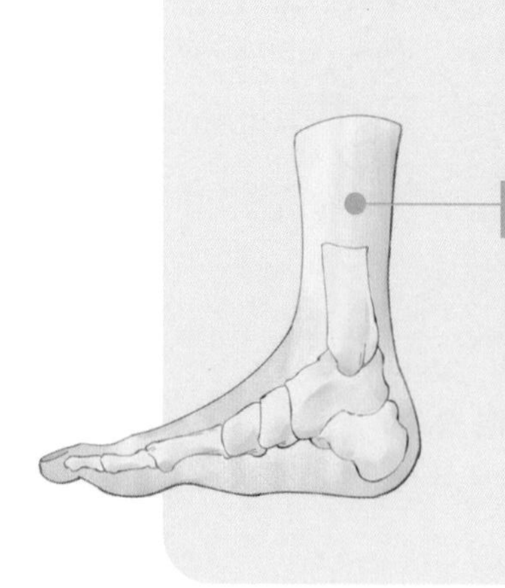

三陰交

【歸經】 足太陰脾經

【位置】 小腿內側，足內踝尖上 3 寸（四橫指），脛骨內側緣後方凹陷處。

【功能】 補脾益肝，滋陰補腎，助運化，疏下焦，調血室。

湧泉

【歸經】足少陰腎經

【位置】足底部，捲足時足前部凹陷處（約當足底第 2 至 3 趾，趾縫紋頭端與足跟後端連線的前 1/3 折點）。

【功能】補腎要穴，可補脾統血，調肝補腎，泄熱降火。

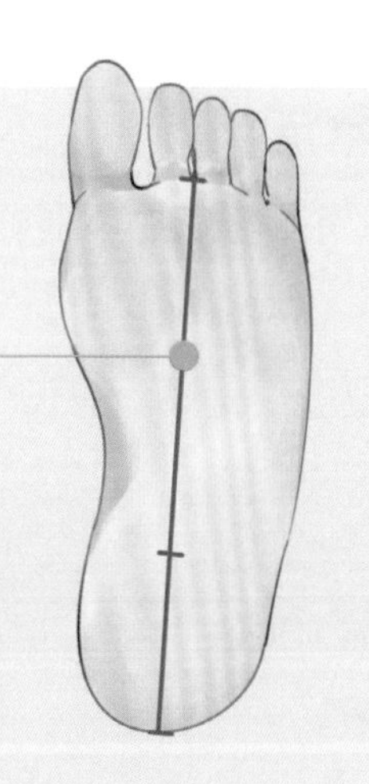

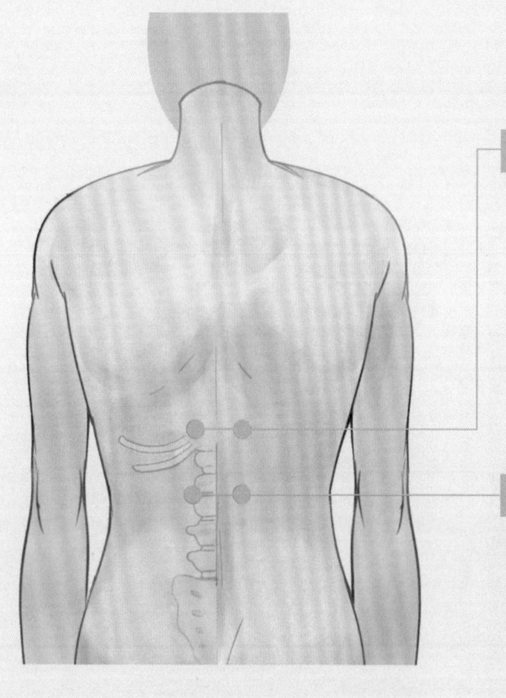

脾俞

【歸經】足太陽膀胱經

【位置】在背部，當第 11 胸椎棘突下，旁開 1.5 寸（約二橫指寬）。

【功能】健脾和胃，利濕升清。

腎俞

【歸經】足太陽膀胱經

【位置】腰部第二腰椎棘突下（命門）旁開 1.5 寸處（約二橫指寬），約與肋弓緣下端相平。

【功能】益腎氣，利腰脊。

iii 熱敷法

對於陽氣不足、氣血虛弱的孕媽媽，可以進行穴位熱敷，達到暖宮散寒，溫經止血，補益脾腎的目的。

穴位：（腹部）神闕、氣海、關元；（腰背部）脾俞、腎俞；（下肢）隱白、公孫、湧泉。

方法：

1. 在腹部或腰背穴位上放置暖水袋熱敷；或搓熱雙手掌心，將掌心對準穴位暖敷；
2. 用風筒對準下肢穴位進行加溫。
3. 可同時與穴位貼敷配合應用，在貼敷部位上放置暖水袋，促進氣血循環，加強療效。
4. 可將貼敷穴位之中藥熬成藥液，用毛巾沾藥液進行溫熱敷熨。

注意：切勿燙傷。

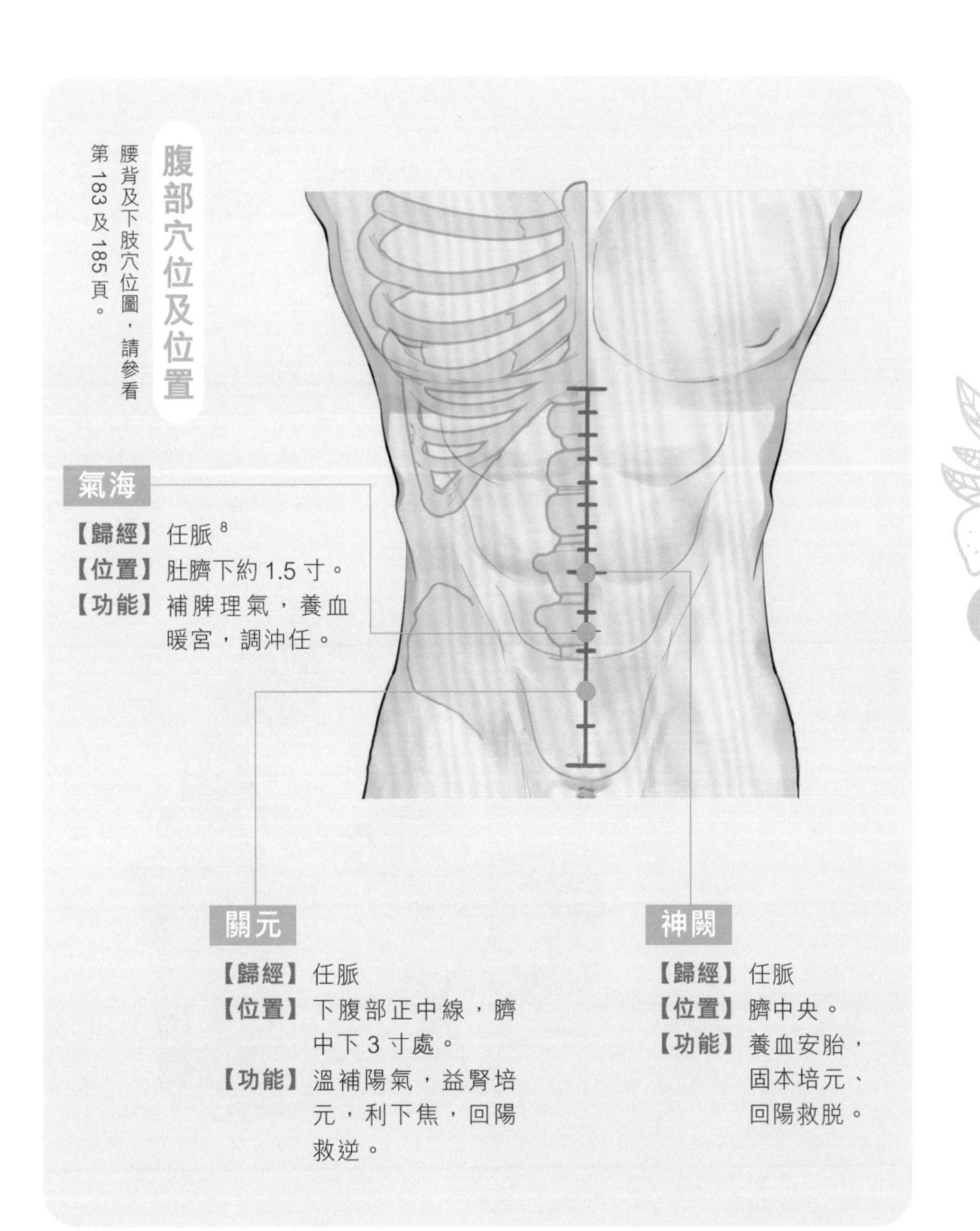

8 任脈穴位以「骨度分寸法」量度：由天突至胸骨劍突聯合為 9 寸，胸骨劍突聯合至肚臍的垂直線為 8 寸，由肚臍至恥骨連合上線為 5 寸。

7 聆聽音樂

研究表明，輕柔音樂、大自然聲音等能幫助孕媽媽放鬆心情，減輕焦慮和緊張，不但有助緩解身體上的不適，改善睡眠質素，調節情緒，亦有助提高先兆流產的孕媽媽的繼續妊娠率。所以，各位孕媽媽不妨聆聽合適的音樂！

而從中醫角度，孕媽媽可以多聽一下「羽調」[9]的音樂。「羽調」的音樂多由「琴、筝」一類的樂器來吹奏，較為深沉、細緻，與腎之氣機相和，可以養陰、保腎、藏精，對胎動不安尤有好處。常採用的羽調音樂有《梁祝》、《二泉映月》、《漢宮秋月》、《平沙落雁》、《船歌》、《月光奏明曲》等。

孕媽媽記得按照實際的身心狀態選擇合適曲目啊！

9 中國的五音「宮、商、角、徵、羽」分屬為土、金、木、火、水，與五臟相應，即宮音入脾，商音入肺，角音入肝，徵音入心，羽音入腎。五音各有特點，在國樂中由特定的樂器來表現。五行具有相生相剋的特性，所以在古代，中醫也常用各種樂器所演奏出來的音樂作為輔助療法，比起現今西方國家所行的音樂輔助療法早了數千年之久。

我真的流產了……

如果孕媽媽出血量多，像來月經一般，腹痛較明顯，加上子宮頸已打開，或者有組織物掉落（包括排出或堵塞在宮頸口），又或者有羊水流出，則流產乃避無可避，胎亦保無可保。

如果確診流產，可以怎麼辦？孕媽媽在悲傷和不捨的同時，還是要積極應對處理，採取最合適的方法為寶寶「送行」。醫生會根據孕媽媽的妊娠與身體情況、臨床需要，建議最適合的處理方案。

讓寶寶順其自然地離開

期待處理（Expectant management）

最理想的情況是不使用任何藥物或手術方式，給予孕媽媽足夠時間，讓寶寶自然排出身體，可免卻藥物和手術的副作用與風險。

可惜這處理方法一般較難控制和成功（成功率 50%），萬一孕媽媽在等候期間出現異常情況，例如腹部劇痛和大出血，有機會要進行緊急手術。

用藥物協助寶寶離開

藥物處理（Medical management）

醫生會給予孕媽媽口服或塞陰道的藥物，增加子宮收縮，並促進子宮頸軟化和成熟，刺激胚胎排出。

孕媽媽使用藥物後，會感到腹部痙攣疼痛，帶有血塊的血液從陰道排出，出血可以持續數小時，及後 1 至 2 週亦可能反覆有流血現象，但血量會逐漸遞減。

用藥物輔助寶寶離開的成功率因人而異，大約是 70-80%，而且與順其自然流產一樣，有突發性大出血的風險，可能要緊急手術處理。

以手術接送寶寶離開

手術處理（Surgical management）

醫生常建議孕媽媽應用抽吸清宮手術（刮宮），在局部麻醉或全身麻醉的情況下，運用吸管清除腹中的流產組織。

手術處理的成功率達 95%，能預防不完全流產、大出血或感染的發生，同時可有效地止血。當然，這方法也有一定風險，例如麻醉併發症、術後感染、子宮頸撕裂、子宮穿孔等。

12 至 23^{+6} 週寶寶

引產處理（Labor induction）

12 週以上寶寶的體積較大，而且體內骨骼已形成，為了孕媽媽安全起見，醫生會考慮使用人工引導生產的方法，讓寶寶離開媽媽的腹部。

流產之後……

其實，懷孕是神蹟奇事，絕不容易。

萬一經歷流產，各位孕媽媽千萬別怪責自己！因為很多時候，流產情況都是無可避免或防不勝防的。

除了自然流產，還有一些因健康等問題需要進行的人工流產，都讓孕媽媽和爸爸經歷巨大的情緒起伏和壓力，對身心靈是極大的挑戰。但請記着，一定有方法面對，必定能過渡的！

盡力保持健康，好好備孕與安胎，抱着平常心期待下一個小生命的來臨吧！機會總是留給做好準備的人！

調整身心，適時尋求支援

孕媽媽及早尋找西醫、中醫、心理輔導[10]等支援，靠專業指導幫助，能讓自己更容易從傷痛中恢復，為未來做好準備！

根據情況，配合專業指導

大多數流產都是一次性事件，若只發生過一次或兩次早期流產，再次流產的風險不會更高。

可是，如果連續流產超過 3 次（復發性流產），孕媽媽成功懷孕的難度以及未來流產的機會可能會增加，應尋求醫療建議。

共同準備，再次努力嘗試

一旦和伴侶在身體和情感上做好準備，在 1 至 3 次正常月經期過後，孕媽媽就可以再次嘗試懷上寶寶。

---

10 如果不幸痛失胎兒，孕媽媽和爸爸可以尋找專業的社區支援同行，一起走過哀傷的幽谷。有許多政府部門及非牟利組織都有提供相關服務和資源，例如社會福利署綜合家庭服務、醫管局轄下婦產科部門的哀傷輔導小組、小小生命等。

内心小劇場

“流產雖痛，仍有平安”

與大家分享一個真人真事……

一對夫婦到來尋求心理輔導，表示很難面對反覆的檢查結果，顯示 20 週大的寶寶有發育問題。當然，面對「去或留」都是一個沉重和非常傷痛的決定 —— 如保留胎兒，寶寶很大機會要面對不同的身體殘障；如選擇人工流產，太太亦要經歷生產的過程。但最重要的是，夫妻二人對寶寶非常不捨。

會面期間，夫妻二人在一個安全的情況下處理了擔心和傷感等情緒，也解決了一些疑慮。最後一次見面時，他們共同有了一個決定。雖然淚如泉湧，經歷着無人明白的痛楚，但心中卻感平安，也有確切面對的方向。

之後，他們一家仍能勇敢面對未來，欣賞生命、健康生活。夫婦二人不單維持恩愛的關係，更增加了彼此之間信任，互相成為更堅實的依靠。

各位正面對風險或經歷流產的孕媽媽，願你在逆境中看得見出路和盼望！

懷孕中、晚期，
祝願安產

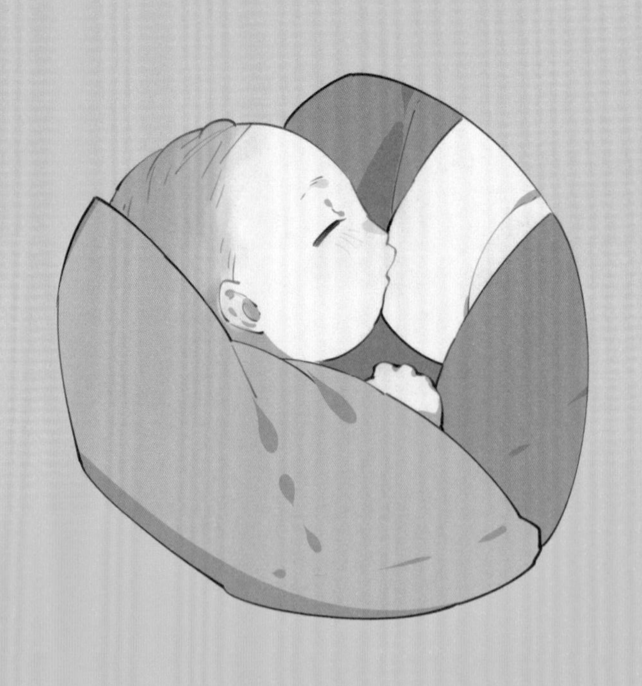

懷孕中期、後期十大不適症狀點處理？

懷孕期母體內的雌激素、黃體酮及催乳素均會急升，使母體變為一個適合胚胎生長的環境。懷孕期間身體的種種變化，多屬正常的生理現象。

懷孕期的不適大都只屬**短暫性**，孕媽媽不用驚惶。

藥物可經胎盤傳送到胎兒的血液裏，影響胎兒。某些藥物更會令胎兒發育畸形，所以如非必要，應**儘量避免服用藥物**。如必須用藥，亦要經醫生處方才可服用。

孕媽媽十大症狀知多點

1 噁心、胃脹、反酸

症狀： 1. **噁心**：胃部不適，以及有想嘔吐的感覺。

2. **胃脹**：胃部脹悶感，有一股壓力出不來，可伴有噯氣、放屁、疼痛不適的感覺。

3. **反酸**：胃酸倒流到食道中，可伴有灼熱燒心、口苦、口酸等感覺。

成因：
1. 黃體素使孕媽媽胃腸道內的平滑肌蠕動變慢及胃賁門肌肉鬆弛，令胃部排空減慢及胃酸容易倒流。
2. 胎兒體積增大，上頂胃部。

處理小貼士

❶ **少量多餐，定時用餐。**
❷ **避免甜食、濃茶、辣味食物、酸味及碳酸飲料**，以免刺激胃酸分泌。
❸ 餐後忌躺下。
❹ 睡覺時將頭部枕頭稍墊高。
❺ 醫生處方藥物。
❻ 飯前可飲用少量牛奶。

2 小腿抽筋

症狀：
1. **肌肉抽筋**：下肢局部肌肉突然發作不自控及強直性的收縮痙攣、抽搐，以小腿肚為主，大多數幾秒或幾分鐘後自行消失。常在睡覺時發生，影響睡眠。
2. **疼痛**：抽筋後，局部肌肉或可出現持續僵硬及疼痛。

成因：
1. 妊娠中後期，因體重增加，腿部肌肉疲勞，負荷增大。
2. 久坐、久站、受寒、體質因素（如氣虛、陽虛、血瘀）導致小腿血液循環不良。
3. 血液內的鉀和鈣過低。

❶ 發作時，**伸直腳**，腳掌上蹺；如有他人在場，可用手揑緊小腿肌肉或按壓承山穴（小腿後面正中，腓腸肌肌腹下，用力伸直小腿時呈現尖角狀的凹陷處）。

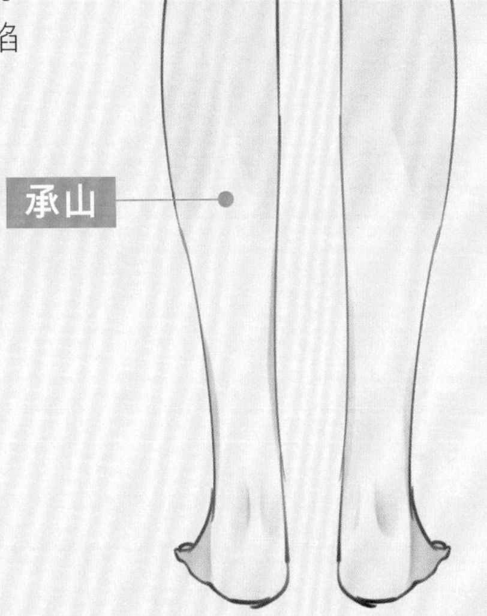

❷ **按摩小腿肚或熱敷**小腿肌肉。

❸ 睡覺時穿着長褲或薄長襪子。

❹ 溫水浸足，水溫不可太熱，浸後要抹乾。

❺ 若同時出現嚴重嘔吐，必須立即見醫生，接受適當的治療。

❻ 進食富含**鉀質或鈣質**的食物，並吸收足夠**蛋白質**。

❼ 不要進食過鹹或醃製類食物，減少鹽分攝取。

❽ **補充足夠水分**。

❾ 適度曬太陽，以助吸收及保留鈣質。

運動篇　動一動足跟，小腿不抽筋

1 轉轉足踝

正坐，背靠枕頭或床頭，足踝向上、下、內、外擺動，然後作旋轉活動，重複十次。

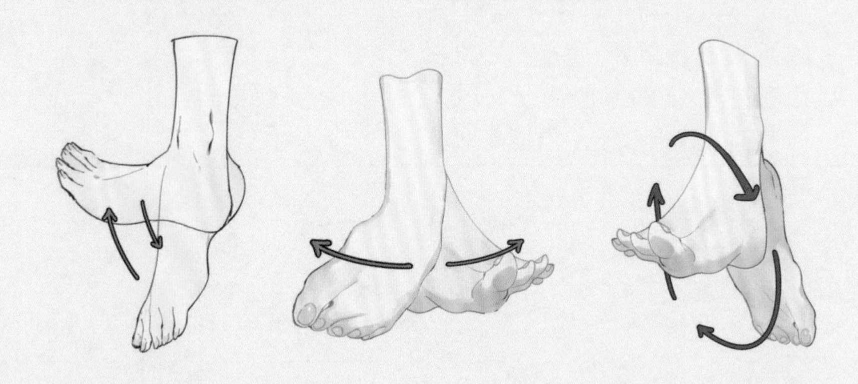

2 拉拉小腿

站在牆壁前約一手臂的位置，將手掌平放在牆上。保持腰部挺直，一腳踏前，微曲膝，後腳伸直，足跟緊貼地板，保持 10 秒，然後放鬆，再站好。左右交替，重複 3 至 5 次。

3 靜脈曲張

症狀：

1. **靜脈曲張**：皮膚表面出現凸起，甚至膨脹、扭曲的靜脈，通常見於孕媽媽的腿部或外陰附近部位。
2. 局部周圍可有**腫脹**、**沉重**、**發麻**、**瘙癢**、**疼痛**、**痠楚**、易疲倦或微熱的感覺。
3. 嚴重可影響下肢行動，出現皮損或合併痔瘡等。
4. 大部分可於產後自行減緩及消失，恢復原狀。生育次數越多，越難復原。

成因：

1. 體重增加，下肢負荷增大，血液回流減慢。
2. 子宮變大，壓迫下腔靜脈，且因需要大量血液，盆腔的血流量增加，靜脈壓力增高，大腿內側和外陰的血液回流受阻，靜脈擴張及血液淤積。
3. 隨孕週增加，孕媽媽血容量增多，靜脈充血，血管壁及靜脈瓣承受的壓力增大。
4. 荷爾蒙變化使靜脈血管壁放鬆或變薄，容易擴張，靜脈管腔變大，瓣膜間距變寬，血液容易逆流。
5. 孕媽媽因行動不便減少活動量，令血液流動速度減慢。
6. 合併靜脈炎等疾病，導致靜脈回流障礙。
7. 遺傳因素。

處理小貼士

❶ 避免久坐、久站、久行，經常**變換體位**。

❷ 保持良好坐姿，不要交疊雙腿（翹腳）或長時間彎曲膝部。

❸ 穿平底鞋，避免穿着高跟鞋。

❹ 坐下時，可經常**墊高雙腳**，以紓緩不適。

❺ 適量**下肢運動**，以助血液循環，如散步、游泳等。

❻ 每天**按摩小腿及溫水浸足**。

❼ 合理安排休息時間，休息時可仰臥，將雙腳抬高 10 至 15 分鐘，每天 2 至 3 次。

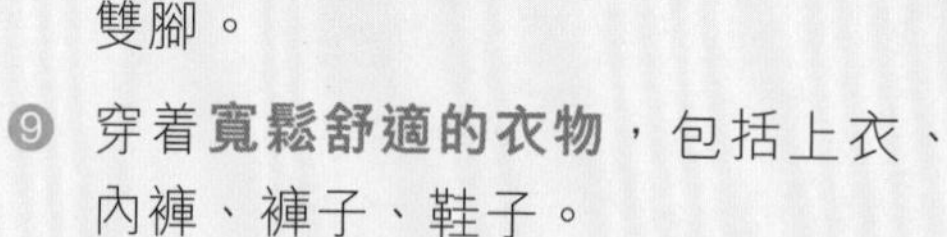

❽ 睡眠時，可多用側臥位，如平臥，則可用枕頭墊起足踝或用書本墊高雙腳。

❾ 穿着**寬鬆舒適的衣物**，包括上衣、內褲、褲子、鞋子。

❿ 情況較嚴重者，可**穿着合適壓力襪**，不要過緊（感受的壓力大小依次為踝部、小腿、大腿，關節活動不受阻，活動時，襪子不起摺）。早上下床前，在血液下流鬱積前，穿好壓力襪，日間活動時，血液會更易回流到心臟。

⓫ 餐膳中攝取足夠維他命 C，保護及維持血管結構與功能。

⓬ 保持大便通暢，便後可作縮肛練習。

⓭ 保持心情愉快，肝氣調暢則氣機正常，血行而不滯。

⓮ 若靜脈曲張處出現皮膚損傷、出血等情況，請及時向醫生求診。

⓯ 若出現踝關節以上、手指、眼瞼、面部水腫，請儘快向醫生求診。

運動篇　天天強化小腿肌，靜脈曲張或可避

方法：

站好，雙手輕扶椅背，慢慢提起腳踝（踮腳尖），停留 5 秒，然後放下。重複 5 至 10 遍，每天 3 至 5 次。

4 腰背痛

症狀：

1. **腰痛**：腰部痠楚、疼痛，從腰骶中部以至臀部兩側為主，可連及恥骨，勞動則疼痛加重。
2. **背痛**：嚴重者，腰痛可連及上背部。
3. **腰背疲勞**、墜脹或僵硬感。

成因：

1. 隨着胎兒逐漸長大，子宮和胎兒的重量會逐漸增加，加上為了補償盤骨向前傾的重心轉移，腰椎出現前凸，孕媽媽的腰椎、盆骨、肌肉所受的壓力亦增多。
2. 身體長期慢性缺水，椎間盤含水量不足，容易扁塌。
3. 妊娠期間，荷爾蒙的變化使腰椎和骨盆韌帶鬆弛，甚至過度伸展，骶髂關節不穩定，腰背部負荷加重而疼痛，容易勞損拉傷。
4. 缺乏鈣質可產生骨骼及肌肉疼痛。
5. 孕媽媽平素腎氣不足，懷孕氣血聚於沖任以養胎，督脈及帶脈更虛。
6. 心理因素。

處理小貼士

❶ 坐姿及站姿端正，**保持脊骨挺直**。坐位時背部緊靠椅背，腰背部可加小枕頭。

❷ 避免彎腰或半坐臥的姿勢。

❸ **避免搬動重物**，萬一要提拿重物，必須留意：

■ 儘量靠近要拿起的物件，然後屈膝，用大腿的力量站起。

■ 站立的過程中，緊記要收腹，及保持腰背挺直。

■ 緊記讓兩隻手分擔，或用手推車。

❹ 如果必要親自抱幼童，應交替使用盆骨左右兩邊腰間的位置來承托孩子，避免用腹部的位置來承托。

❺ 如需較長時間站立，先準備一張小凳，兩腳可輪流踏在上面休息。

❻ 如需較長時間坐着，應定時站起活動。最好每半小時起來活動 5 分鐘。

❼ 穿着舒適的便裝鞋，或**有氣墊的健康鞋**，避免穿高跟鞋。

❽ 坐位穿鞋。

❾ 睡覺時側臥，並用小枕頭墊着腰部。需要時，或使用硬板床。

❿ 合理運動：適當進行產前運動，放鬆腰部和骨盆的肌肉，減輕疼痛。

⓫ 有需要時，可進行**物理治療、水中步行、配戴托腹帶**等。

生活篇　預防臥坐站傷腰，做對姿勢確緊要！

1 從臥變坐

併雙腿，屈膝，轉為側臥。收腹和收緊盆骨底肌肉，用雙手撐起身體，坐在床邊。

2 從坐變站

雙腿要分開至肩膊的寬度，收腹和收緊盆骨底肌肉，雙手放大腿、扶手或穩固物件上作支撐，上半身向前傾，慢慢站起。

食療篇　寄生與蓮子，固腰補腎宜

食療推介

桑寄生蓮子茶

【作用】補肝脾腎，強健筋骨，祛除風濕，固護胎元。

【材料】桑寄生、蓮子各 15 克。

【做法】材料洗淨後，浸泡 1 小時，連浸泡液同煮沸後，轉小火煲 45 分鐘後，即可隔渣服用。

加減

■ 如屬陰虛，出現腰膝痠軟、耳鳴、五心煩熱、潮熱盜汗、失眠夢多、口咽乾燥等，可加女貞子、桑椹子各 10 克；

■ 如屬陽虛，腰膝冷痛、怕冷、口淡，可加杜仲 10 克；

■ 如氣血不足，少氣懶言、面唇爪甲色白、頭暈目眩，可加黨參 10 克、淮山 15 克、南棗 2 顆。

按摩篇　經絡通，腰部自然鬆

孕媽媽可輕輕按揉腰部肌肉（脊柱兩側），並重點輕揉腎俞及大腸俞。

腎俞

■ 位於腰部第二腰椎棘突下（命門）旁開 1.5 寸（食、中橫指）處，約與肋弓緣下端相平，可益腎氣、利腰脊、聰耳目。

大腸俞

■ 腰部第四腰椎棘突下旁開 1.5 寸（食、中橫指）處，約與髂嵴最高點相平，能調腸腑、利腰腿。

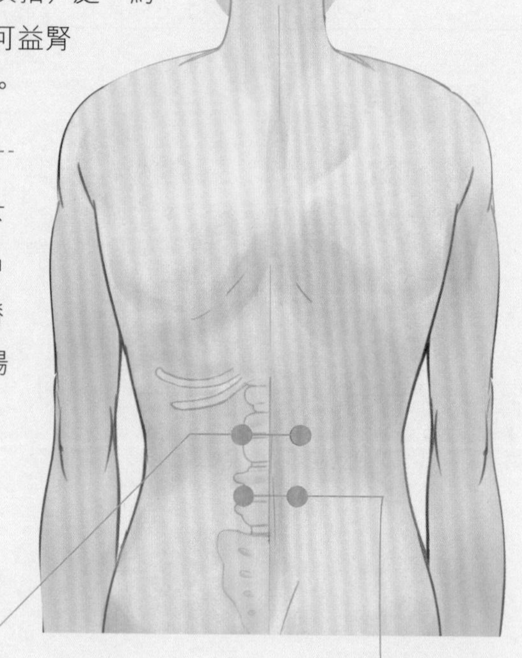

運動篇　常做護腰保健操，腰痛消除無煩惱

進行護腰保健操時，動作要輕柔，運動量以不感疲勞為宜。

步驟

1. 站立，兩腳尖向前，雙腿分開同肩寬，兩手叉腰部，慢慢深呼吸。
2. 呼氣時，兩手支撐背部，身體向後傾，吸氣時回正。重複十次。

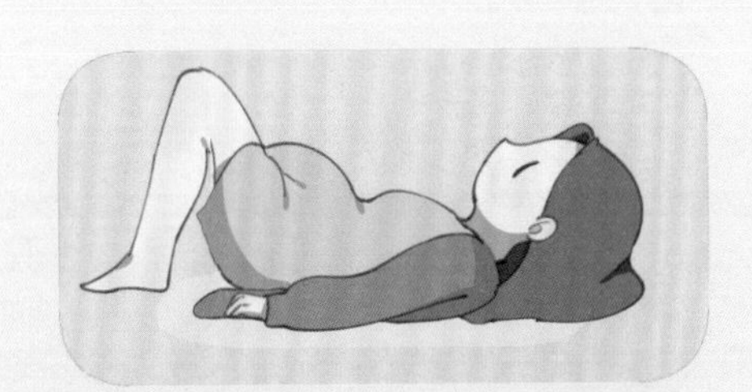

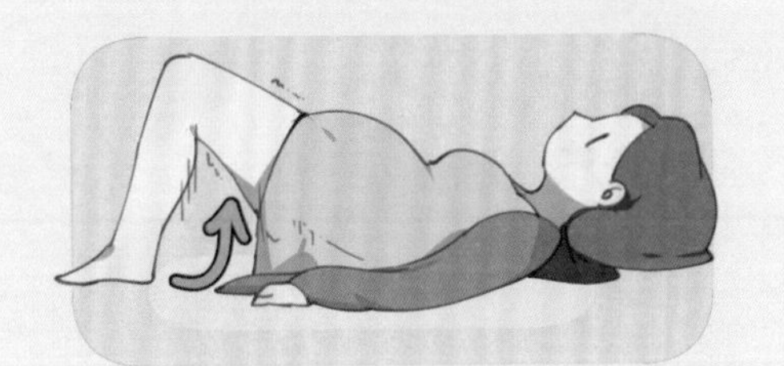

3. 平臥瑜伽墊上，手放在身體兩側，雙腿彎曲，腳底着地。
4. 收縮腹部和臀部肌肉，微微向上抬起骨盆，背部輕壓地板，維持 3 至 5 秒後放鬆。重複十次。

5 肩頸痛

症狀：1. **肩膊痛**：肩部痠痛，可連及上臂。

2. **頸項痛**：頸項疼痛，甚則痛連後枕或背部，活動受限。

成因：1. 荷爾蒙變化導致肩頸肌肉力量減少、韌帶鬆弛。

2. 腹部日漸變大，背部肌肉承受壓力增加。

3. 行動不變，活動減少，或姿勢不良，或長時間睡一側，血液循環變差或經絡不通。

4. 氣血下聚胞宮，衛外失職，肩頸容易受寒。

處理小貼士

❶ 經常**伸展肩頸部**，動作要緩慢。

❷ 留意頭部姿勢位置，經常把下巴向後收，令頭部輕微拉向後。

❸ 使用辦公桌工作時，座位高度要適中，姿勢要正確。

❹ 使用合適的枕頭。

❺ 可**常備披肩**，避免肩頸部受風寒。

❻ 一般可局部**熱敷或薑水敷洗**。若急性疼痛，紅腫熱痛則短時間冷敷。

運動篇　三線放鬆緩痛功，任何痛症都適用

步驟

1. 寬衣解帶，坐好，背靠椅背。
2. 平靜心境，慢慢進行腹式呼吸。
3. 進行三線放鬆：將身體分為前面、左右兩側、後面三條線，先留意身體前面，自上而下依次專注頭頸、肩、上肢、胸、腹、下肢等各部位，一個部位放鬆後再做下一個部位。
4. 然後再同樣地，自上而下進行身體左側、右側、後面的放鬆。
5. 專注每一局部的同時，進行深吸氣。
6. 然後默念「鬆」字，並慢慢呼氣，連續做 3 遍。
7. 專注疼痛部位的時間可以延長，反覆放鬆。

6 水腫

症狀：

1. **下肢水腫**：腫脹多從足踝處開始，慢慢波及小腿、膝部，嚴重者延及大腿。或伴小腿脹重感，感覺鞋履變緊。水腫以下午及晚上較為明顯，腫脹處皮膚發亮、繃緊，用手指按壓腫脹部位時（約 3 秒），皮膚會留下凹痕，經過一段時間才能恢復。
2. **局部水腫**：眼瞼及兩面頰浮腫，雙手浮腫，手指或感到戒指變緊，以晨起尤為明顯。
3. **全身性水腫**：除了下肢，頭面、全身都出現腫脹。多由不同疾病引起。
4. **體重增加過快或過多**：水液積聚令孕媽媽體重增加。部分孕媽媽肢體腫脹不明顯，有機會是深部組織水腫。
5. **體重升降幅度變動較大**：在數天之內有 1、2 公斤的增減。
6. **其他伴隨症狀**：頭腦昏沉、困倦乏力、肢體沉重、腹脹滿悶、腹瀉或便秘等。

成因： 1. 荷爾蒙變化令身體的水分增加，水向低流，積聚於下肢。

2. 子宮增大，壓迫靜脈，影響血液回流。

3. 妊娠毒血症：腳腫、手腫或面腫的情況在短期內（如在數天之間）突然出現或變得嚴重（必須儘快看醫生）。

4. 從中醫角度，胎兒增大，阻礙氣機，氣運行不暢，加上消化功能受影響，身體不能正常地推動或代謝水液，引發水分滯留。若孕媽媽平素脾腎不足，都容易水腫。

處理小貼士

❶ 穿着舒適的便裝鞋（比未懷孕時所穿的**尺碼稍大**）。

❷ **穿着寬鬆舒適的衣物**，包括上衣、內褲、褲子、襪子。

❸ 保持良好坐姿，不要交疊雙腿（翹腳）或長時間彎曲膝部。

❹ 避免長時間維持同一姿勢，宜**經常變換體位**，適時活動及伸展肢體，以促進血液循環。

❺ 坐下時，可**用矮櫈托高雙腳**。

❻ 睡眠時，可**多用左側臥位**，避免壓迫到下肢靜脈，減少血液回流的阻力，快速排除身體裏滯留的水分。如平臥，則可用枕頭墊高雙腳。

⑦ 如有需要，可**穿着合適的壓力襪**，不要過緊。

⑧ 切忌服用去水腫藥，以免令血壓下降，減低胎盤的血量供應，影響胎兒獲取氧氣及營養。

⑨ **避免高鈉食物**：鈉鹽可造成水分滯留體內，加重水腫情況，應減少攝取，避免進食醃製、煙燻、罐頭食品等。

⑩ **減少甜味食物**：糖分會影響血液的滲透壓，若血中糖分濃度高，會令血液黏稠，代謝減慢，容易水腫，並誘發炎症或妊娠併發症。另外，甜食也容易化生痰濕，加重水腫，或造成肥胖，損害孕媽媽健康。

⑪ **避免飲食生冷**：中醫認為生冷食物會損傷脾胃，影響消化及水液代謝，宜溫熱熟食。

⑫ **保持適量運動**，促進血液循環。

⑬ 攝入適量及**足夠的水分**，促進新陳代謝。

食療篇　內外兼顧助退水

水腫的孕媽媽可按體質需要，選擇以下的食材或藥材作保健：

食材　鯽魚、黃芪、黨參、茯苓、白朮、紫蘇葉、紅豆、冬瓜皮、生薑、陳皮、桑寄生、赤小豆、扁豆衣、粟米鬚等。

浸足方　另外，亦可外用以下浸足方，有助利水消腫：薑皮、茯苓皮、艾草各 20 克，加水適量煎 30 分鐘，放暖後浸足。浸足後徹底抹乾雙腿。

如有疑問，請向合資格中醫師諮詢。

7 痔瘡

症狀：

1. 肛門齒線上黏膜出現半球狀隆起的**靜脈團塊**，顏色鮮紅、暗紅或灰白。
2. **便血**：間歇性大便帶血，多數在排便時滴血或射血，血液與大便並沒有混合。常因勞累、便秘或腹瀉時加重。
3. **痔核脫出**：隨着痔核增大，可以在排便、咳嗽或行走時脫出肛外，自行還納或需手動回納。
4. **肛門墜脹**不適感。
5. 或伴有分泌物。
6. 嚴重可出現貧血。
7. 通常在生產後數月慢慢減退。

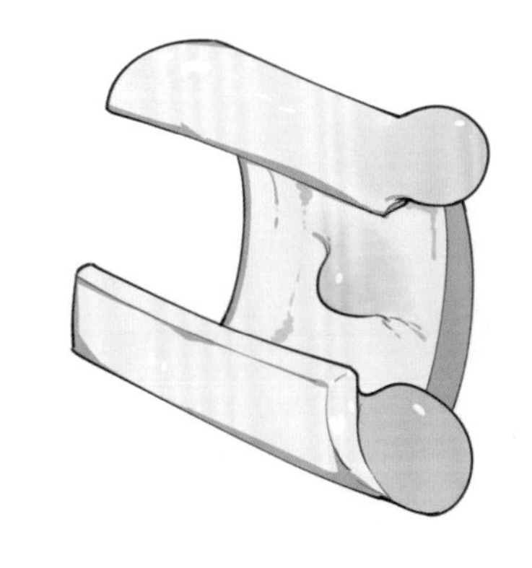

成因：

1. 荷爾蒙變化或妊娠後體能活動減少等，使腸道蠕動減慢，加上子宮增大壓迫直腸，導致大便不暢。
2. 胎兒成長而漸大，子宮壓迫附近靜脈，令回流受阻，易生痔瘡。
3. 腹腔壓力增加，令痔核容易脫出。
4. 自然分娩時，腹腔內出現的壓力亦會令痔瘡增大。

處理小貼士

❶ 根據個體情況，攝取**足夠水分及進食高纖維的食物**，多食新鮮蔬菜和水果，如燕麥、糙米、豌豆、黃豆、裸麥、橙、棗、番薯、番薯葉、芋頭等，防止便秘。

❷ 孕媽媽可於每天早上**空腹時喝溫開水**，有助排便。屬陰虛或血虛體質的孕媽媽，可加入少許蜂蜜。

❸ 飲食定時定量，不要過量飲食，以免胃腸功能紊亂，影響直腸、肛門靜脈的血液回流，不利於痔瘡的好轉。

❹ 避免辛辣、油膩的食物。

❺ 避免久坐、久站、久蹲，適當變換體位。

❻ 保持足夠的休息及活動量，養成定時排便的習慣。

❼ 不要因恐懼而不排便，大便在腸道積聚越久，會變得更乾硬難排。

❽ 不要蹲廁太久，若未能排便，可活動一下，待有便意時再嘗試。

❾ 注意肛門衛生，擦拭肛門的紙巾要乾淨及柔軟，或大便後以溫水清洗。

❿ 痔瘡脱出的孕媽媽應及時求診，以備藥品及學習應對方法，避免水腫、疼痛等情況。

⓫ 不要使用刺激性強的瀉藥，如番瀉葉、大黃、蓖麻油等，以免引起宮縮，引發流產機會。

⓬ 睡前可用溫水清潔肛門，促進肛周血液循環。

⓭ 若痔瘡情況十分嚴重，可能需要手術治療。

運動篇 提肛練習 MNYY

經常進行提肛練習，有助改善肛門附近組織血液循環，並刺激直腸蠕動，預防痔瘡。

步驟

1. 確認膀胱中的尿液已清空。
2. 平臥，背部貼地，彎膝蓋，雙腳微分踏地。
3. 吸氣時，微微憋氣，同時縮緊肛門及骨盆底肌（可想像在憋尿，肛門微微向上收縮），維持 3-5 秒。然後完全放鬆 5-10 秒。
4. 過程中保持身體其他部位放鬆，尤注意腹、臀、腿部放鬆。
5. 重複動作 10 次。早、午、晚各練習一次。

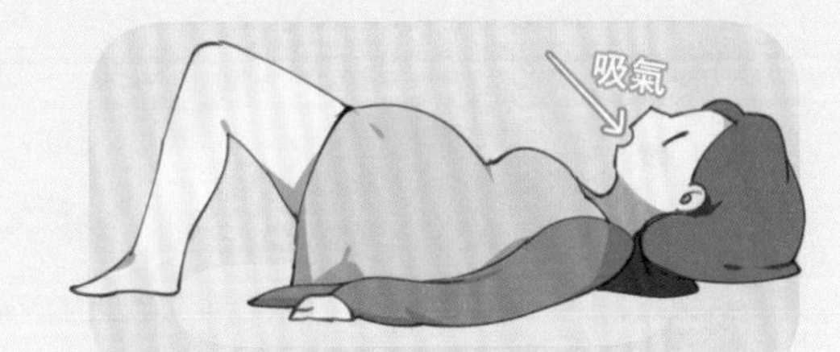

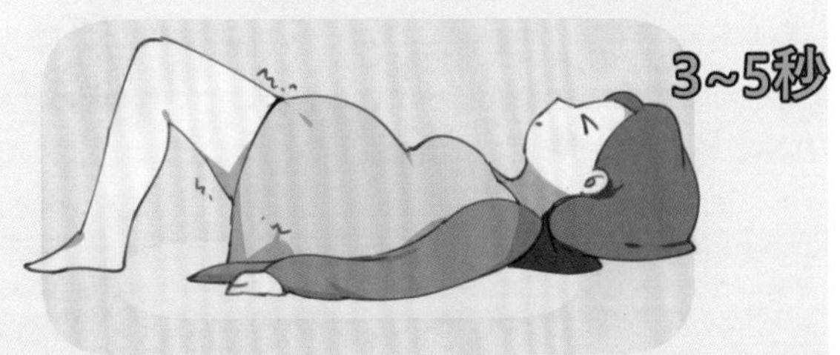

中藥篇

中藥外用熏洗法

將中藥熬成藥液，熏洗肛門，藥力直接作用於痔瘡患處，有助清熱解毒，通便止痛。

【方藥】 荊芥、五倍子、蒼術、黃柏、槐角、蒲公英、艾葉、紫花地丁各一兩，苦參、升麻各五錢。

做法

1. 先用約 1.5 升水浸泡藥材 1 小時，再以文火煎煮 20 至 30 分鐘，隔渣備用。
2. 將熱藥液倒入熏洗椅或盆中，加入適量熱水。
3. 孕媽媽脱下褲子，坐在上方，用蒸氣熏肛門。
4. 藥液降溫後（約 35-37℃），孕媽媽可用無菌紗布蘸藥液反覆外洗肛門，或坐入藥液中浸泡 15 分鐘。
5. 完成後，用溫水稍作沖洗。

孕媽媽使用這方法前，請先向合資格中醫師查詢。

8 尿頻

症狀：

1. **尿頻**：小便次數明顯增加，每天總數多於 8 次，甚至達數十次，對生活造成困擾。
2. **排尿痛及小腹痛**：孕媽媽的尿道較容易受到感染，若缺乏適當的治療，可引致腎炎或早產。因此，若有尿道炎的症狀如尿頻、小便赤痛或尿血，必須及早求醫。

成因：

1. 孕媽媽的腎臟血流量是普通人的 1.5 倍，尿液生成增快。
2. 黃體酮令輸尿管的平滑肌鬆弛，降低忍尿能力。
3. 在懷孕後期，子宮愈來愈大，壓迫膀胱，使容量減少，因此很快便會有尿意。
4. 孕媽媽素體氣虛或陽虛（脾腎不足），氣血用以養胎後，不足夠供給維持膀胱貯藏和約束尿液的功能。
5. 孕媽媽素體有熱，或孕後嗜食辛辣，體內積熱，或因衛生欠佳，感受濕熱之邪等，都可令下焦熱盛，灼傷膀胱津液，引發尿頻、尿痛等。

處理小貼士

❶ 孕中晚期出現尿頻是正常的，孕媽媽應保持心情愉快及放鬆。
❷ 合理攝入水分，不要為免上廁所而限制飲水或進食流質食物。身體缺水會增加患上尿道炎的機會。
❸ 攝取足夠的蛋白質。
❹ 減少酸味、辛辣、含酪胺、咖啡因的食物，這些食物會加重尿頻情況。
❺ 如出現尿道炎症狀，應及早求診。

食療篇 膳食補腎防尿頻

平素體質較弱，脾腎不足的孕媽媽，較易在早期就出現尿頻。

氣虛、陽虛體質

若是氣虛、陽虛，可適當選食補腎的食物，如蓮子、杞子、覆盆子、核桃、紅石榴、南瓜、蓮藕（久煮）。

陰虛體質

若屬陰虛體質，則可選食清心補腎的食物，如：百合、桑椹子、女貞子、石斛、海參等。

茶飲

對於尿道炎所引致的尿頻、尿痛，建議孕媽媽在就診西醫治療之外，可適量飲用一些粟米鬚水：

【材料】新鮮粟米鬚 30 克，粟米一條。
【做法】材料洗淨，同放水中煮半小時，即可飲用。

注意

提提大家，薏苡仁（薏米）能清熱利水滲濕，常用治尿道炎症，但《本草求真》指「有孕婦女，不宜妄用，以性專下泄也」，加上現代藥理表明，薏米或會興奮子宮平滑肌，所以孕媽媽千萬不要一次大量或長期進食。

（想知道自己屬哪種體質？請參看附錄：「學」多一點 —— 九型體質知多點，第 97 頁。）

9 皮膚問題

i 痕癢出疹

症狀：

1. 皮疹：皮膚出現凸起的紅色小丘疹，多發於腹部、大腿、臀部，甚則出現大範圍的疹塊，或者遍佈全身。
2. 瘙癢：皮疹處痕癢。
3. 偶可伴有水炮，搔癢後出現抓痕、疤痕或皮膚增厚等。
4. 皮膚變化對孕媽媽和嬰兒的身體健康都沒有負面影響，絕大部分亦會於孕媽媽產後的數週內逐漸消失。
5. 少數孕媽媽的皮癢與肝病或妊娠併發症有關，可累及胎兒，例如肝內膽汁淤積。因此**假若出現以下任何症狀，必須立刻就醫：**
   ❶ 痕癢劇烈，持續不消，難以忍耐，入夜加重，甚至影響睡眠；
   ❷ 水炮；
   ❸ 發熱；
   ❹ 尿色加深；
   ❺ 關節痛；
   ❻ 食慾大減，噁心欲嘔；
   ❼ 黃疸（皮膚、眼白轉黃色）。

成因：

1. 荷爾蒙改變令皮膚的循環較差，皮膚會相對容易乾燥敏感。
2. 肚皮撐大，皮膚被撐開和拉伸，張力增加，產生瘙癢感。
3. 孕媽媽體質變化，對妊娠代謝產物或外界因素產生過敏反應。
4. 免疫功能出現問題。
5. 孕媽媽內有濕熱，外受風寒、風熱之邪，搏擊於肌膚，氣血不和；或因為身體氣血不足，血聚養胎後，更為不足，不能滋養肌膚等。
6. 妊娠併發症。

處理小貼士

1. 避免搔抓，會令痕癢惡化，甚至導致皮損及發炎。
2. 洗澡水溫勿過熱，不要使用過多沐浴液或肥皂，不要過分洗刷皮膚。
3. 避免進食貝殼類海產、生冷、黏滑（如昆布、菇類）、油膩、腥羶、發物（如鵝、羊、筍）、刺激性（辛辣食物）、容易致敏（如芒果）的食物。
4. 補充足夠的水分。
5. 穿着鬆身、純棉衣服，使用棉質床上用品。
6. 選擇天然的清潔和護膚用品。
7. 注重保濕，可塗上適量的橄欖油、乳木果油、潤膚霜等減輕乾燥或瘙癢感。
8. 如天氣乾燥，可使用加濕器；如天氣潮濕炎熱，則適當利用風扇、抽濕器、冷氣，但不要直接吹風。
9. 瘙癢明顯時，可用濕毛巾或毛巾包冰枕，短時間輕敷皮疹處。
10. **若疹癢在懷孕第三期出現，要特別加強注意**，留意胎兒情況和任何身體症狀，不要拖延，適時到婦產科就診治療。

中藥篇　中藥外用熏洗法

祛風止癢外洗方（外用忌服）

【配方】 荊芥、防風、白蒺藜各 15 克，苦參、白鮮皮、紫草、地膚子各 30 克。如皮疹色紅，局部熱甚，加黃芩、野菊花各 15 克；皮膚乾燥則加生地 50 克。

【做法】
1. 將中藥略沖洗，用適量水煮沸，轉慢火煲 20 至 30 分鐘，隔渣取藥液。
2. 放涼至室溫後，外塗外敷患處，用後以清水略沖洗。
3. 孕媽媽亦可將藥液封存好，放在雪櫃中，需要時冰涼外敷或回溫後使用。最多存放三天。

ii 暗瘡

症狀：

1. **丘疹**：在毛囊處長出丘疹，常伴黑頭，周圍色紅，可擠出小米或米粒樣白色脂栓，或伴疼痛及瘙癢。多發於顏面，其次為胸背、手臂。
2. **小膿皰**：丘疹可以是灰白色或灰黃色小膿瘡，難以吸收，破潰後方痊癒，多伴疼痛。
3. **疤痕**：丘疹或膿皰破潰後可遺留暫時性色素沉着或有輕度凹陷的疤痕，或令皮膚粗糙不平。
4. **皮膚油亮**：皮膚油脂分泌多。

成因：

1. 懷孕後，體內荷爾蒙變化，皮脂腺活躍，分泌較多油脂。
2. 孕媽媽體質偏熱，孕後陰血下聚，上部陰津更加不足，陽熱相對偏亢，容易熱蘊肌膚而發暗瘡。
3. 孕媽媽情緒不暢或生活習慣不良（如多進食油膩、睡眠不足）等。

處理小貼士

❶ 保持皮膚清潔，使用溫和及天然的清潔液潔面。
❷ 如髮際或頭皮長暗瘡，應每天洗頭。
❸ 常以清水洗臉部，並用乾淨毛巾印乾。
❹ 多吃新鮮蔬菜、水果，保持大便通暢。
❺ 避免使用磨砂膏、面膜、油性化妝品等，以免刺激皮膚。
❻ 避免過度清潔和擦洗。
❼ 避免瘙抓、擠弄患處。
❽ 避免進食糖分、油膩、辛辣、刺激的食物。
❾ 由於**一些治療暗瘡的特效藥可引致畸胎**，故暗瘡情況嚴重時，應求診醫生，千萬不要自行購藥。

中醫篇

“我要清胎毒嗎？”

皮疹、瘙癢、生瘡瘡，都是「胎毒」惹的禍？

中醫認為，孕媽媽在妊娠後期出皮疹和長瘡，主要是外感濕熱毒邪、飲食不節（例如進食燥熱、油膩、峻補食物）、經常情緒激動（如憤怒、急躁），或素體偏熱，加上陰血用以養胎使陽氣偏盛而誘發。

孕媽媽體內陽熱過多，可以傳給腹中寶寶，影響其先天體質，使出生不久即發身熱、皮癢、紅疹、濕疹、口瘡、眼睛分泌物、尿黃、便秘，甚至高熱、黃疸、氣喘等。這就是胎熱，亦即坊間所說的「胎毒」。

而「清胎毒」，就是在懷孕後期食用一些具有清熱、除濕、解毒作用的食物或藥材，以清除孕媽媽體內過多的陽熱，例如白蓮鬚、綠豆、菊花、銀花等。

然而，並不是每位孕媽媽都需要清胎毒，除非出現一系列熱性症狀，包括身熱、煩躁、口乾、口渴、口瘡、小便黃、大便乾臭……對於體質偏寒或較虛弱的孕媽媽，若妄清胎毒，可能會雪上加霜，最嚴重或可導致早產或難產。

iii 妊娠紋

症狀：

1. **肚紋**：皮膚出現一條條紋路，偏粉紅、淺紫或暗紅色，隨胎兒長大越趨明顯，常見於腹部、大腿及乳房。
2. **分娩後減輕**：孕媽媽生產後，皮紋會慢慢消退，變成銀白色，但未必會消失。
3. 對孕媽媽及寶寶的健康不構成影響。

成因：

1. 胎兒及子宮增大，急速地拉開皮膚，皮膚組織斷裂，形成線狀凹陷的紋路，並隨時間變長、變寬。
2. 孕期運動量過少。
3. 孕期體重增長過多。
4. 孕媽媽素體肺脾腎不足（肺、脾、腎三臟與皮膚的水潤度、彈性及新陳代謝關係最大）。
5. 有妊娠紋家族史。

處理小貼士

❶ 現無顯效阻止或治療妊娠紋的方法，產後妊娠紋的顏色會慢慢變淡。

❷ 孕媽媽及丈夫應正確看待妊娠紋 —— 誕下心愛的寶寶的標記，不要先入為主地對妊娠紋產生厭惡。

❸ 避免搔抓。

❹ 穿着寬鬆、棉質、柔軟的衣服，減少皮膚摩擦刺激。

❺ 孕媽媽可塗含維他命 E 的潤膚油或橄欖油，並輕揉皮膚，以保持皮膚滋潤、加速血循、增加淺層肌膚的彈性。

❻ 一些精油及果籽油對減輕妊娠紋有幫助，例如薰衣草精油、檸檬精油、**玫瑰果油、胡蘿蔔籽油**等。孕媽媽可以正確稀釋後塗於妊娠紋部位，並作按摩。

❼ 懷孕時保持健康飲食及合理運動量，以免體重迅速上升。

❽ 孕媽媽可根據體質，在懷孕及產後適當地進食一些有益皮膚彈性的食物，如白木耳、豬皮、豬蹄、蠔、雞蛋、杏仁、核桃、黃豆等。

❾ 產後運動有助收緊腹部皮膚，加速皮膚恢復。

❿ 若妊娠紋對孕媽媽的工作或心理構成較大影響，可尋求專業的美容護理和心理輔導，或在產後進行中西藥內服、外用、針刺、拔罐等治療，以輔助減淡妊娠紋。

10 胎動減少

症狀：

1. 懷孕 24 週仍未感到正常胎動[1]（每 8 小時少於 10 次）。
2. 每個孕媽媽的胎動都有其特定個人規律，若感動胎動比平日明顯減少，亦算「胎動減少」。

成因：

1. 臨近產期，胎兒體積變大，羊水減少，寶寶活動空間不足。
2. 外在環境因素，如孕媽媽情緒變化、飲食或作息改變、患病（發熱）等，都會影響寶寶的活動量。
3. 臍帶太緊打結，影響血液循環，令寶寶缺氧。
4. 妊娠疾病或胎盤問題引致寶寶供氧不足，如妊娠高血壓、先兆子癇、胎盤鈣化、胎盤早期剝離等。
5. 胎兒異常，例如生長遲緩或出現結構性問題，甚至胎死腹中。
6. 孕媽媽抽煙或使用某些藥物。

---

1 孕媽媽一般在懷孕的 18 至 24 週會開始感覺到腹中出現一種輕微而有節奏的抽動，這是因為寶寶在子宮內活動，例如踢腳、滾動或是打嗝。隨着胎兒成長，胎動會愈來愈明顯和有規律，一直持續到分娩前，才會稍為減少。從 24 週開始，孕媽媽應特別留意胎動情況，每 8 小時應最少有 10 次胎動感。曾生育的孕媽媽可能會在更早的時期感覺到胎動，不過週數因人而異，孕媽媽的脂肪量、羊水多少、寶寶的位置等，都會影響胎動感。

處理小貼士

1. 孕媽媽可以定期靜臥床上，留意胎動情況，並作出記錄及比較。
2. 假如難以感到胎動，可以嘗試：
   - 吃一點東西，提升血糖，並促使腸胃蠕動。進食後坐或臥，用手摸腹，留意一下能否喚醒寶寶，引起他的反應。
   - 變換一下姿勢，例如先走動一會，再坐下。

留心！

如果孕媽媽懷孕已 24 週仍未感到胎動，

或日常的胎動次數明顯減少，

應儘快向醫護人員查詢。

緩解症狀的「重心」—— 減低「萬有壓力」

迎接新生命來臨令人喜悅，但面對各種生活中的挑戰，還有身體變化和不適，孕媽媽可能會倍感壓力。身心關係密不可分，身體不適令人困擾，情緒波動也可以導致不適加重。

因此，孕媽媽不但要看重「身」，也要看重「心」。

以下是十個小貼士，齊來愛自己（LOVE MYSELF），減輕「萬有壓力」！

Learn more about pregnancy
增加有關懷孕的知識

Fulfill your emotional needs
留意並回應自己不同情緒的需要

Open your heart
開放自己，與信任的人分享憂心的事

O

Lower your standards
留意和盡力減少「完美主義」

Value yourself
看重自己，常常欣賞、接納、感謝、鼓勵自己

E

Escape from stressors
離開壓力源或令自己不悅的意見(短暫亦可)

Exercise to relax
進行減壓練習，如默想、呼吸練習、感恩練習等

S

Socialize and network with family and friends
與一班明白和支持你的人建立親友圈

ME-time
預留一些自我空間和時間

YOU-time
與伴侶定時拍拖相交，維繫親密關係

最需要自控的妊娠疾病：妊娠糖尿病！

所有孕媽媽都是偉大的，先別說生產過程就像在鬼門關前走一趟，妊娠期間，孕媽媽還要面對一些高風險的疾病，其中之一就是「妊娠期糖尿病」。

甚麼是妊娠期糖尿病？

妊娠期糖尿病（Gestational Diabetes Mellitus，GDM）**是懷孕期間出現的糖尿病**。

懷孕期間，孕媽媽身體會分泌一些抗衡胰島素的荷爾蒙，使胰島素功能下降，可是，身體對胰島素的需求卻因着體重不斷上升而增加，在這供不應求的情況下，身體無法把食物所供應的醣份轉化為能量，令過多的糖分積累在血液之中，引致血糖上升，造成糖尿病。

GDM 有機會構成的危害	
孕媽媽	孕寶寶
1. 形成產後長期糖尿病 2. 造成妊娠高血壓病 3. 增加剖腹產機會 4. 增加產傷風險 5. 將來構成腎功能受損等	1. 巨大兒（巨嬰） 2. 羊水過多 3. 胎兒猝死 4. 寶寶先天性異常 5. 增加產傷及受傷機會等

我會不會患上妊娠期糖尿病？

所有孕媽媽都有機會患上妊娠期糖尿病（GDM）。

由於患病初期不一定顯露症狀，即使出現症狀，也**與某些懷孕症狀十分相似**（例如疲倦、口渴、口乾、尿頻、想吃甜食等），所以，產前作 GDM 的篩查十分重要。

除了上述症狀，GDM 亦可能出現體重下降、視力模糊、反覆感染（如泌尿道、陰道、皮膚及口腔感染）、手腳發麻等。各位孕媽媽要小心留意！

至於你患上妊娠期糖尿病的機會大嗎？可以一起看看，如果你具有以下因素，患病的風險就會增加：

❶ 體重指數（BMI）大於 30 kg /m^2
❷ 上一胎的寶寶體重超過 4.5 千克（大嬰兒）
❸ 以前曾患過妊娠期糖尿病
❹ 糖尿病家族史
❺ 35 歲以上
❻ GDM 篩查，尿糖值偏高 [1]
❼ 多囊卵巢綜合症
❽ 多胎妊娠
❿ 人工授孕（IVF 或 IUI）

如果你具有上述風險中的一種或以上，醫生一般會要求你進行**口服葡萄糖耐量測試（OGTT）**，大多數在**妊娠 26 至 28 週時完成**。

如果你有**多重風險**，或先前懷孕**曾患 GDM**，則可能需要在 **10 多週時進行第一次 OGTT**，然後在 26 至 28 週重複測試。

而即使你沒有風險，但願意接受檢查，也可以進行 OGTT。各位孕媽媽可與自己的醫生詳細討論。

1 在每次常規產前檢查中，驗尿以檢查尿糖值（留尿或用試紙檢測）。若檢測到 1+、2+ 或更高的糖尿指數，可表明未確診的妊娠期糖尿病，孕媽媽將需要進行口服葡萄糖耐量測試（OGTT）。

甚麼是口服葡萄糖耐量測試（OGTT）？

口服葡萄糖耐量測試（OGTT）是透過驗血來測量血糖值的方法。

1 OGTT 的程序

禁食過夜（空腹 8 小時）

到達診所或化驗所時抽血檢驗
（空腹血糖）

飲用專業的葡萄糖飲料
（20 分鐘內）

④

等候（2 小時）

⑤

再抽血作血糖檢驗

2 OGTT 的結果

OGTT 血糖值	正常結果	妊娠糖尿病（GDM）	糖尿病（DM）
測試前空腹	≤5.0 mmol/L	5.1-6.9 mmol/L	≥7.0 mmol/L
測試後 2 小時	≤8.4 mmol/L	8.5-11.0 mmol/L	≥11.1 mmol/L

* 請注意，由於分析儀器不同，不同檢驗中心的標準值或有輕微差異。

倘若孕媽媽的 OGTT 檢驗結果異常，血糖值落入妊娠糖尿病（GDM）的診斷範圍，孕媽媽就要按營養師和醫生的指示進行**健康的飲食和運動計劃**，按時監測血糖，以維持血糖水平在正常範圍，並在 **6 週後覆查**。

萬一血糖情況比較嚴重或難以控制，可能需要藥物治療。

當血糖值達到一定水平，
孕媽媽則會被診斷為糖尿病，
而非暫時性的妊娠期糖尿病，
應由內科醫生跟進處理。

患上妊娠期糖尿病，怎麼辦？

1 西醫篇

其實妊娠期糖尿病（GDM）十分常見，大約每五個孕媽媽，就有一位患有 GDM。當口服葡萄糖耐量測試（OGTT）不及格，孕媽媽先不要過分擔憂，只要**好好控制血糖**，寶寶仍可以健康成長和出生。

面對 GDM，孕媽媽要培養良好的生活習慣，遵從醫護人員的指示調節飲食或應用藥物。

妊娠期糖尿病的處理

飲食控制

- 建議孕媽媽接受營養諮詢，最好是熟知自己的營養師
- 控制總熱量（一般約 1,600-1,800 卡路里 / 天）
- 攝入足夠的膳食纖維及蛋白質
- 選擇低升糖指數（GI）食物
- 限制碳水化合物攝取（總卡路里的 35-45%）
- 限制甜食及油分
- 定時進食
- 少量多餐

合理運動

- 目標：保持標準體重及 BMI
- 適量運動，如快走、散步、單車
- 一般每天可做 3 至 4 次，每次不超過 15 分鐘（具體按孕媽媽情況而定）
- 避免空腹或劇烈運動

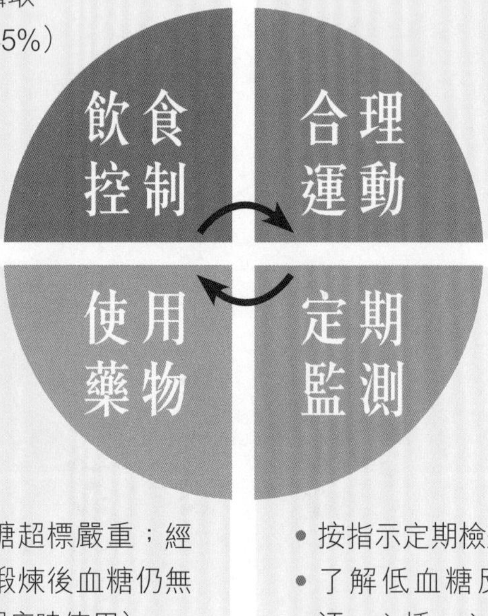

使用藥物

- 胰島素治療（血糖超標嚴重；經飲食控制和運動鍛煉後血糖仍無法達標，或出現酮症時使用）

定期監測

- 按指示定期檢查血糖及做好記錄
- 了解低血糖反應，如頭暈、出汗、心悸、心率加快、飢餓感、全身無力、注意力不集中等，並做好應對措施
- 留意胎動情況
- 按醫生指示定期進行腎功能、眼底、超聲波等檢查

西醫篇

“血糖控制怎「算」好？”

患上妊娠糖尿病（GDM）的孕媽媽應建立監測血糖水平（Blood Glucsose Level，BGL）的習慣，按指示以合格的標準設備自我檢查 BGL，並將記錄告知醫生，以便跟進及治療。

孕媽媽一般最少每週有一天需要進行測量，並在當天最少測量 4 次，包括：

- 空腹（禁食）血糖數值（早上起床後即進行測量）；
- 以及餐後血糖數值（進食早、午、晚三餐後的 2 小時後測量）。

患有 GDM 的孕媽媽，血糖控制目標為：
空腹 BGL：< 5.0 mmol/L
餐後 2 小時 BGL：< 6.7mmol/L

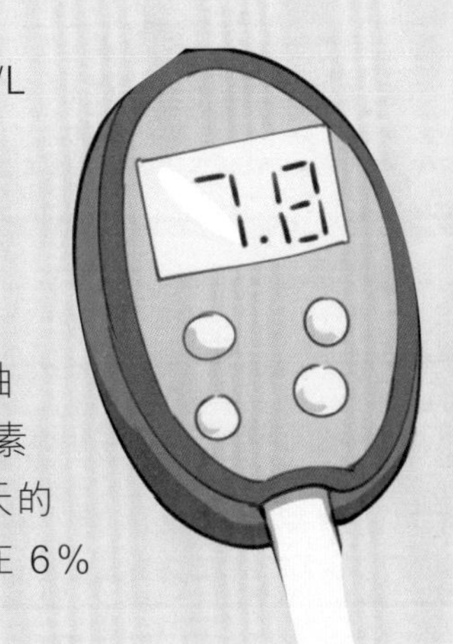

如孕媽媽無法量度餐後 2 小時的血糖，在餐後 1 小時 BGL<7.4 mmol/L 也可作參考。

此外，醫生會安排孕媽媽抽血檢驗血液中的糖化血紅素（HbA1c），反映 90 至 120 天的血糖控制狀況。目標是控制在 6%（42mmol/mol）以內。

2 中醫篇

從中醫學角度，**陰液不足是導致糖尿病的主因**。

糖尿病的主要成因			
先天不足	飲食不節	情緒失調	勞逸不均
遺傳因素影響，易患此病，尤其陰虛體質。	食飲不調，令脾胃受損傷，不能運化水液，加上吃太多油膩、濃味、辛燥的食物，令身體積熱。體內濕熱夾雜，日久煎熬陰津。	長期受精神刺激，時常鬱怒、憂慮，氣機不暢，久鬱化火，灼傷陰津。	房事過多、工作過勞等，可令腎精虧損，產生「虛火」。

懷孕期間，孕媽媽耗用陰血養護胎兒，會令各個臟腑的滋養更加減少，功能減弱，不能內在自我調整，自然火上加油，引發妊娠期糖尿病。

先天因素無法改變，但根據身體情況有合理的飲食調護、運動鍛煉，保持樂觀的態度和輕鬆的心情，都有助預防妊娠期糖尿病。

若孕媽媽發現自己出現血糖值高的情況，可以怎麼辨？中醫有沒有甚麼方法可以幫助呢？

i 妊娠期糖尿病患者的常見體質

中醫學認為，妊娠期糖尿病發生的根本在於**「陰虛」，表現為「燥熱」**。意思就是陰陽失衡，因陰津不足夠，未能滋潤身體而致「燥」，亦令陽氣相對地旺盛，功能和表達得十分明顯，而引起「熱」的症狀。

另外，受各種因素影響（例如懷孕前體質、過勞、嗜食生冷等），除「陰虛燥熱」外，患上妊娠期糖尿病的孕媽媽常常兼夾其他證候，在調護時必須注意。

以下列舉妊娠期糖尿病較常見的證候類型[2]，孕媽媽可以看看自己與哪種情況較為相似，判斷一下身體是否只有陰液不足和燥熱？有沒有兼有「不夠氣」，甚至陽氣不足的情況？

	三多症狀	伴隨症狀
陰虛（燥熱）	■ 尿頻量多，偏黃 ■ 小便或有油脂 ■ 口渴喜涼飲 ■ 容易飢餓	■ 腰膝痠軟 ■ 頭昏耳鳴 ■ 失眠多夢 ■ 睡時出汗 ■ 怕熱、心煩 ■ 易長口瘡 ■ 皮膚乾燥及瘙癢 ■ 舌質紅，苔少

2 大部分糖尿病患者都屬陰津虧損，燥熱偏盛。不過有文獻研究顯示，痰濕體質的孕媽媽，較易患上妊娠期糖尿病，而且臨床上，不少妊娠期糖尿病患者的燥熱情況不一定明顯。有些患者有很複雜的體質，身體既有陰津不足的表現，體內又有痰濕的積聚，與此同時，亦可能受其他因素影響或因久病伴有不同程度的「氣虛」、「血虛」、「陽虛」等情況，實在難以一一詳述分析，只能闡述較常見的情況，以供參考。

	三多症狀	伴隨症狀
氣虛	■ 尿頻量多 ■ 胃口一般，或易飢而進食不多，容易飽 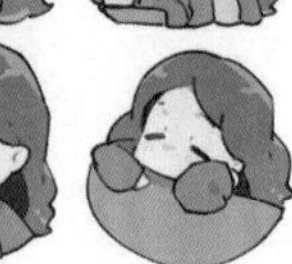	■ 神疲乏力 ■ 面色較白，無光澤 ■ 語聲低，少氣懶言 ■ 四肢欠溫 ■ 易出汗，動則大汗淋漓 ■ 怕風 ■ 頭暈、心悸 ■ 大便無力，或偏爛 ■ 反覆感冒
陽虛	■ 尿頻量多 ■ 尿色清，或出現混濁如脂 ■ 口渴飲不多，喜飲暖水，或口淡不渴	■ 面色黧黑或蒼白 ■ 怕冷，喜暖 ■ 頭昏 ■ 倦怠乏力 ■ 腰膝酸軟無力 ■ 四肢冰涼 ■ 大便溏爛 
痰濕	■ 尿頻 ■ 口渴但不想飲水，或口有黏膩感 ■ 易有飽滯感 	■ 頭身困重 ■ 眼瞼和肢體浮腫、水腫 ■ 肥胖 ■ 容易咳嗽並有痰 ■ 胃脘脹滿 ■ 噁心嘔吐 ■ 肌膚麻木感 ■ 懶於活動 ■ 大便質黏或稀爛 ■ 白帶較多 ■ 舌苔較厚

ii 妊娠期糖尿病的飲食建議

健康飲食對於妊娠期糖尿病的護理十分重要，如在營養學的指導下，配合體質選擇食材，可事半功倍，有助控制病情及緩解不適症狀。

妊娠期糖尿病的食養原則

治病與安胎並舉 ＋ 養陰、清熱、潤燥及 / 或益氣、助陽、除濕

治病與安胎並舉

以調節體質，達到控制糖尿病為首要目的，不忘固護胎兒，按孕期各階段調好肺、脾（胃）、腎三臟。

以養陰、清熱、潤燥為基礎

若孕媽媽出現三多症狀（多飲、多食、多尿），而屬於陰虛和燥熱情況，首要「養陰」（**補充陰液**）、「清熱」（**祛除虛熱**）、「潤燥」（**生津緩燥**），並可根據不同臟腑需要選擇食材。

主要症狀	方法	食材舉例
煩躁、口乾、多飲	清熱潤肺、生津止渴	沙參、百合、梨、枇杷、黃耳、翠玉瓜等
容易飢餓、進食量多、大便乾硬	清胃火、養胃陰	玉竹、鴨肉、番茄、雪耳、豆腐等
口乾、小便頻數、尿濁	滋陰固腎	枸杞子、桑椹子、女貞子、石斛、淮山、黑芝麻等

* 孕媽媽要根據實際的身體情況選擇各種食材和調配份量！

■ 配合益氣、助陽或除濕

若孕媽媽屬氣虛、陽虛或痰濕的體質，或在陰虛燥熱之餘，兼有這些情況，就要**結合補益肺脾之氣、溫補腎陽、去濕化痰**等方法來調護。

功效	低 GI 食物[3] 或中藥材 *
益肺脾氣	西蘭花、冬菇、黃豆、鯧魚、鱸魚、白飯魚、雞肉、黨參、黃芪、黃精、淮山、大棗、五指毛桃、太子參等。
補腎助陽	甜椒、核桃、蝦、蠔、石斑、黃鱔、海參、牛肉、杜仲、姬松茸、茶樹菇、熟地黃、枸杞子、巴戟天、桑寄生、覆盆子、五味子等。
化痰除濕	佛手瓜、豆角、椰菜、鯪魚、花鰔、鯽魚、生魚、眉豆、紅腰豆、陳皮、砂仁等。

* 如對自己的體質有疑問，使用中藥材前先向合資格的中醫師查詢。

iii 妊娠期糖尿病的穴位養生

按壓穴位可以調節身體氣血，達到治病或強身的效果。如患上妊娠期糖尿病，可以適當進行穴位按壓，有助調節臟腑功能，或輔助緩解症狀。

---

3 GI 即是升糖指數（Glycemic Index），是用來量度進食各類含碳水化合物（醣質）的食物對血糖影響程度的數值，反映食物對血糖的影響。GI 的數值越高，代表食物越容易被消化及分解成葡萄糖進入血液之中，令血糖上升。

兩大穴位推介

四大總穴之首
強身保健要穴

足三里

經絡：足陽明胃經

位置：小腿前外側，當犢鼻下 3 寸（約 4 橫指寬），距脛骨前緣一橫指。

功效：疏通經絡、調和氣血、開降氣機、健脾和胃、扶正培氣。治療各種消化系統疾病。

照海

八脈交會穴
通陰蹺脈、陰蹺脈主「一身之陰」

經絡：足少陰腎經

位置：足內側部，內踝尖正下方與距骨相接的凹陷處。

功效：滋六經之陰，補腎調經、滋陰利咽、調節睡眠。

照海

足三里、照海兩穴合用，
可清除虛火內熱、滋一身之陰，
且補益脾氣，固本培元，
從根本調整脾腎疾患。

按穴方法：

1. 用拇指點按穴位，每 10 秒放鬆一下，連續三次。
2. 然後輕輕按揉 1 分鐘。
3. 左右交替進行三次。

內心小劇場

“樂觀一點，健康多點！”

各位孕媽媽，妊娠期糖尿病初期可以沒有任何徵兆，所以當在產檢時突然被告知患病，你可能會感到手足無措、焦慮、擔憂、煩躁。這都是正常的情緒反應。

只要你對這病有所了解，積極配合醫生的指示或治療，好好地控制血糖，便可預防母嬰的併發症，不必過度憂慮。

緊記與家人一起保持樂觀的心態！
越是能放鬆，越是有信心，寶寶就越能健康成長！

CHAPTER 13

最易危及母子平安的情況：
妊娠毒血症（先兆子癇）！

妊娠毒血症（Pre-eclampsia or Pre-eclampsia Toxaemia，PET），又稱先兆子癇，可以在懷孕、分娩期間和產後 6 週內的任何時間出現，最常發生在妊娠晚期及分娩後的 48 小時內。

如果**不及時發現和處理**，PET 的情況會變得十分嚴重，導致一系列全身症狀，甚至**使孕媽媽流產、早產，以及孕媽媽及出生的寶寶死亡**。

在香港，大概 2% 的孕媽媽會受妊娠毒血症的影響，值得大家關注。

為甚麼會患上妊娠毒血症？——PET 的成因

PET 的病因尚不明確。許多學者提出理論，對這病實施不同預防和干預方法以作研究，但都未能獲得結論。

醫學界普遍認為，PET 的發生**與胎盤血管異常有關**。而某些因素如孕媽媽患有高血壓病、某些代謝性疾病（如糖尿病）、自身免疫性疾病（如紅斑狼瘡）、有 PET 病史等，都會增加患上 PET 的機會。

我患上妊娠毒血症嗎？——PET 的體徵和症狀

PET 通常在**懷孕第 20 週後出現**。

在此之前，孕媽媽的血壓大多正常（上壓 <140mmHg，下壓 <90mmHg），但 20 週後便愈來愈高，甚至逐漸出現一些體徵或症狀，例如蛋白尿和水腫，是腎臟受損所致。

此外，健康的孕媽媽的體重持續增加，也會出現水腫情況，但大多是下肢水腫，體重亦是緩慢遞增。

妊娠毒血症

妊娠期高血壓 + 腎臟或其他器官損傷

注意！
如果孕媽媽的體重突然劇增，
或者出現突發性水腫（特別是頭臉及手部腫脹），
可能是 PET 的徵兆！

PET 常見狀體徵和症狀包括：

- 高血壓（上壓 >140mmHg，下壓 >90mmHg）
- 蛋白尿（尿液中蛋白質過多）
- 血小板水平過低
- 肝酵素增加
- 尿量減少或過多
- 全身水腫
- 嚴重頭痛
- 視力變化，包括暫時性視力喪失、視力模糊或對光敏感
- 呼吸急促（肺水腫）
- 上腹部疼痛（多為右側脇肋下）
- 噁心或嘔吐

不過，一些孕媽媽未必有明顯的不適症狀。

患上妊娠毒血症又如何？——PET 的危害

PET 又名為「先兆子癇」，顧名思義，這是一個可以引致癲癇發作（子癇）的妊娠併發症。

子癇也可能在沒有任何嚴重疾病的先前體徵的情況下出現。子癇發作時，孕媽媽會**出現全身抽搐痙攣**，可以導致嗜睡、意識混淆、失憶、昏迷，甚至併發吸入性肺炎、腦出血、胎死腹中、新生兒併發症、母嬰死亡等。

除了有發生子癇的風險，PET 還對孕媽媽構成多種傷害。升高的血壓增加孕媽媽面臨腦損傷（如中風）的風險，亦可能損害肝腎功能、導致血液凝固障礙、肺水腫（肺部液體）等問題。當胎盤血流受影響，寶寶的體型會變得較小或發生早產。

有辦法預防妊娠毒血症（PET）嗎？

子癇發作及嚴重的 PET 會對孕媽媽構成難以逆轉的傷害，因此，**「早預防、早發現、早處理」**是面對 PET 的首要原則。

由於 PET 的發生與高血壓有關，縱使病因未明確，孕媽媽都要**避開導致慢性高血壓的因素**，例如攝入過多鈉鹽、肥胖，而監測與控制血壓對及早發現和預防 PET 亦十分重要。

此外，PET 是一個可怕的隱形殺手，早期並沒有明顯症狀，若沒有檢查，一般是不會發現的。所以，除了經常量度血壓及常規的產前檢查，建議孕媽媽在早孕期進行妊娠毒血症篩查。研究證實，通過此篩查和早期風險評估，可以查出孕媽媽是否 PET 的高風險患者，以及早決定採取預防措施，降低患上妊娠毒血症機會。

所有懷孕**第 11^{+0} 至 13^{+6} 週**的單胎孕媽媽都可進行**「早孕期妊娠毒血症篩查」**，內容包括了解孕媽媽的病史、身體狀態、平均動脈壓、子宮動脈搏動指數（UAPI）和血清胎盤生長因子（PIGF）等。

近年有研究顯示，**高危的孕媽媽**在懷孕第 11 至 16 週前，開始每天服用**低劑量阿士匹靈**，直至懷孕 36 週以上，可預防妊娠毒血症、子癇及早產。不是所有孕媽媽都需要服藥預防 PET，而高危的孕媽媽必須在醫生評估及指導下用藥。

對於鈣質攝入量不足的孕媽媽，**應用鈣補充劑**，亦有助減低 PET 的發生。

如果患上妊娠毒血症，怎麼辦？

1 西醫篇

「治癒」妊娠毒血症（PET）的唯一方法是**分娩**。寶寶和胎盤離開孕媽媽的身體，才能停止胎盤構成的影響。

若不幸患上 PET，**孕媽媽和腹中寶寶要被緊密及仔細監測**。醫生大多會予以**降壓藥**控制血壓，預防病情惡化，希望延長懷孕時間，幫助寶寶維持健康和增加生存的機會。

過程中，醫生、孕媽媽和家人都要不斷權衡母嬰兩者的健康。在某些情況下，無論胎齡如何，都必須立即分娩，以挽救孕媽媽與寶寶的生命。

PET 的病程一旦開始，就無法逆轉。
孕媽媽與家人一起做好身心的準備，
積極面對，就是上策！

2 中醫篇

在中醫學中，沒有 PET 的説法，但許多古籍都有關於 PET 體徵、症狀的診治論述。現代中醫學將各論整理，歸納為「子腫」、「子暈」、「子癇」等，相等於 PET 及妊娠癇症的範疇。另外，亦有不少文獻研究指出中醫藥對此病有一定程度的幫助。

對於患上 PET 的孕媽媽，可以運用中醫藥及調節飲食和生活，改善體質，從而緩解症狀或預防病情轉差。

i 辨證施治，減輕症狀

中醫學認為同一種疾病，可有不同的證候特點。同樣患上 PET，出現水腫症狀，有孕媽媽是脾虛[1]，也有是腎虛[2]或氣滯[3]；而頭痛及眩暈則多見肝腎不足、氣鬱痰滯、氣血虛弱等證型。醫師會預以不同處方，針對性地進行治療。

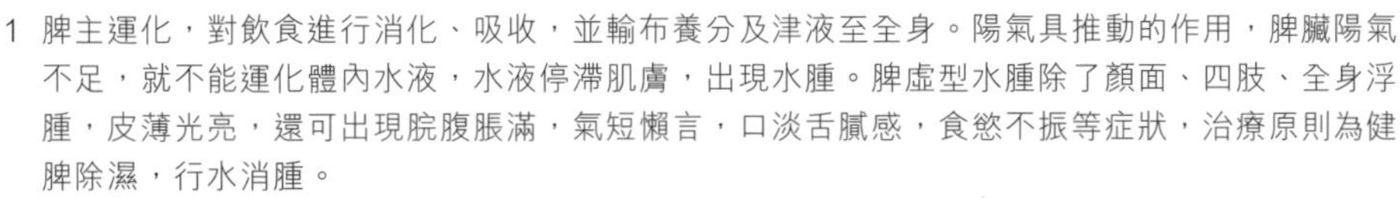

1 脾主運化，對飲食進行消化、吸收，並輸布養分及津液至全身。陽氣具推動的作用，脾臟陽氣不足，就不能運化體內水液，水液停滯肌膚，出現水腫。脾虛型水腫除了顏面、四肢、全身浮腫，皮薄光亮，還可出現脘腹脹滿，氣短懶言，口淡舌膩感，食慾不振等症狀，治療原則為健脾除濕，行水消腫。

2 腎主水，掌管全身津液代謝及平衡（瀦留，分佈與排泄）。陰與陽是相對的，孕媽媽陰血聚於子宮養胎，腎陽被受遏阻，失去主水功能，水液過度瀦留，可致水腫。腎虛型的水腫以下肢尤為嚴重，按之凹陷明顯，常伴有頭暈耳鳴，腰膝痠軟無力，下肢冰冷，心悸氣短等。治療原則是補腎溫陽，化氣行水。

3 孕媽媽情緒不舒，鬱悶憂愁，可令氣機不暢，加上腹中寶寶體型漸長，兩者均有礙氣機升降，不利水液在體內運行，氣滯濕鬱，泛溢肌膚，造成水腫。氣滯型的水腫，多由兩足開始浮腫，漸漸及至下肢和全身，按之壓痕不明顯，常伴有頭暈脹痛，胸脅脹滿，飲食減少等症狀。

ii 生活配合，預防惡化

中醫講究養生，特別是飲食調護。孕媽媽若能選擇**合適自己體質的飲食方案**，或有助穩定病情。

舉例說，氣虛型水腫的孕媽媽可以應用黃芪、五指毛桃、扁豆、熟苡仁、鵪鶉等；陽虛則可以吃一些杜仲、杞子、生薑（連皮）、雞肉等。孕媽媽使用藥材前，應向合資格中醫師查詢。

此外，要**避免生冷、寒涼、辛辣食物**，以免損傷脾陽，影響水液運化和布輸，又或者耗傷陰血，生痰化火。

孕媽媽保持心情平和舒暢，適量體能活動，也有助穩定血壓。

內心小劇場

"關心當下的情緒"

妊娠毒血症看似十分可怕？各位孕媽媽，你現在的感覺如何？若有擔心、緊張或焦慮，其實十分正常。

現在立刻做一個深呼吸，告訴自己：

「我對懷孕期間的知識又增加了！這絕對是有益的事，可以加強對自己和寶寶的保護。」

如果仍然感覺焦慮，邀請你與明白你的親友或社工分享，一定能得到確切的支持！

臍帶繞頸點算好？

聽到「臍帶繞頸」時，可能許多孕媽媽都會感到驚嚇和擔心，以為臍帶勒住寶寶頸項會令他窒息。其實，「臍帶繞頸」並不是大家所想那麼可怕。

可愛的臍帶

臍帶是孕媽媽（胎盤）與腹中寶貝之間的一個聯繫。顧名思義，臍帶就是一條連接寶寶肚臍的長條形帶子，裏面包含着血管和結締組織，將孕媽媽的氧氣和營養物帶給寶寶。

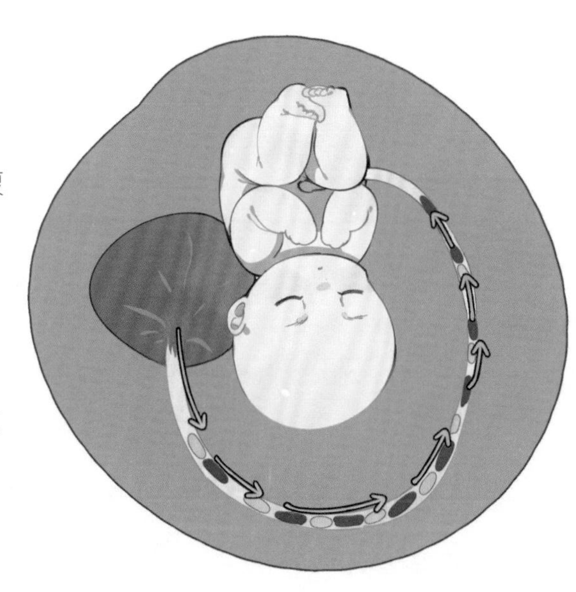

臍帶繞頸有傷害？

臍帶繞頸是很常見的情況，發生率高達 20-30%。

其實，寶寶是透過臍帶從胎盤直接獲取氧氣和各種營養物質的，而不是呼吸（即無須通過頸部），加上寶寶生活在充滿羊水的子宮裏，會不斷吞嚥羊水，令肺部充滿液體（不是空氣），除非臍帶非常綳緊地纏繞頸部，否則質地滑溜的臍帶即使繞頸，**也不會影響寶寶的呼吸**。

假如繞頸過緊或圈數過多，臍帶才有機會變幼並減少血液轉移，就可能影響養分的輸送，又或者在極少的情況下，於分娩期間阻礙血液通過頸部進入大腦。

別擔心！

孕媽媽不必太緊張，

婦產科醫生會在分娩期間

監測胎心，確保寶寶安全。

而且，根據皇家婦產科學院研究所得，

沒有任何證據顯示臍帶扭轉或繞頸的情況

與胎兒子宮內死亡或新生兒死亡有關，

也沒有增加分娩併發症的風險。

只要孕媽媽按指示定期檢查（如超聲檢查），

觀察及確保胎動正常就可以了。

聽說若寶寶臍帶繞頸，剖腹產較安全？

一般來說，如果臍帶繞頸 1 至 2 圈，並不需要剖腹產，而當臍帶繞頸 3 圈或以上，才可能考慮手術。

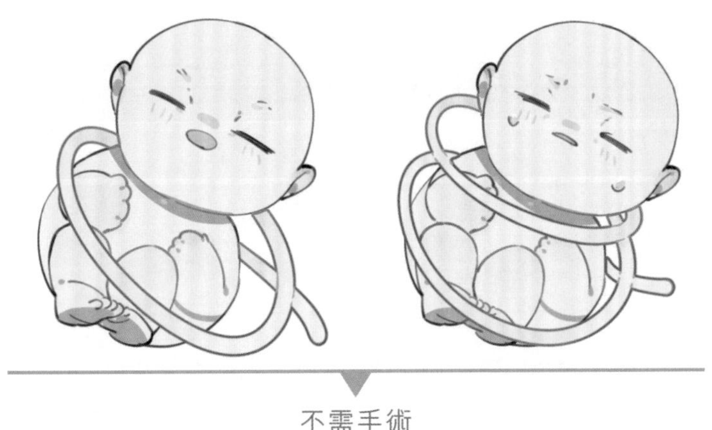

不需手術

考慮手術

臍帶繞頸 3 圈或以上，可增加寶寶的心率和患上肺炎的機會，然而非常罕見。在非常多的案例裏，即使臍帶繞頸多圈，孕媽媽們仍能順產健康的寶寶。另外，大家不要忘記，若進行剖腹產，孕媽媽還要面對手術相關的風險呢。

提前報到點避免？

腹中寶寶未發育好，實在切忌過早報到！

研究表明，早產的寶寶在體格、呼吸、聽力、學習能力等方面都容易有不同程度的發展遲緩，甚至出現一些神經系統相關的障礙（例如運動、協調、認知、情感等方面）。

不過，孕媽媽不用太擔心，隨着醫療及教育技術的成熟，絕大部分非足月出生的寶寶都能健康快樂地成長。

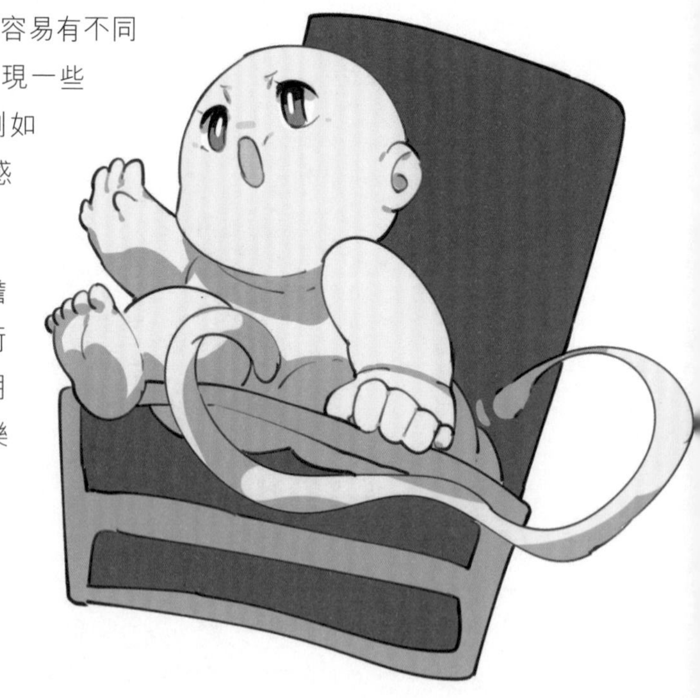

寶寶是否要在孕媽媽腹中住滿十個月（40週）才算足月呢？
非也。只要37週或以上出生，寶寶都算是「足月」。

點先算足月？

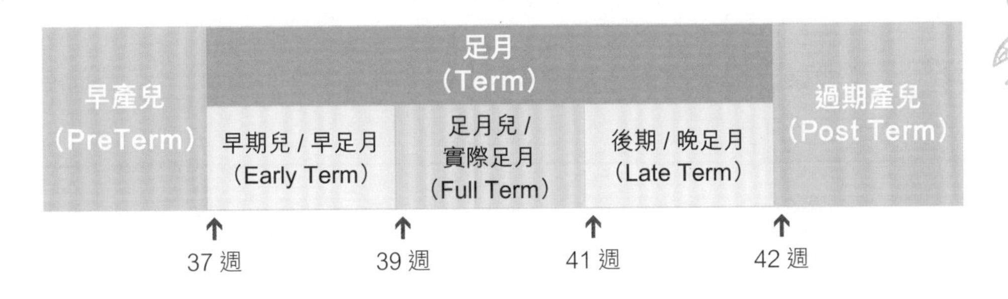
早產兒（PreTerm）
足月（Term）
早期兒 / 早足月（Early Term）
足月兒 / 實際足月（Full Term）
後期 / 晚足月（Late Term）
過期產兒（Post Term）
37 週
39 週
41 週
42 週

足月寶寶有分早期、足月、後期三個類別，同樣是足月，三者有何別？

從 37 週開始，寶寶便會開始為出生作準備，在身體儲存脂肪（用以維持體溫）、完善呼吸和消化功能、吸收大量抗體、加速大腦發育等。因此，三者最明顯的差別反映在於**體型、呼吸系統、免疫力及大腦發展的成熟度四方面**。當中，在 39 至 40 週出生的寶寶，住院率及新生兒疾病發生率是最低的。

最重要的是……

孕媽媽不用執着於「39 週」這個最佳報到時期，

因為週數的計算存在不準確性，

加減兩週都是合理範圍，

尤其是月經週期不穩定的女士，

週數更是容易存在誤差。

最重要是孕媽媽和寶寶的生理狀況健康，

生產條件安全！

預防早產，必先知因

想寶寶足月報到？先了解甚麼引致早產的發生，才能對症下藥，作出預防措施。常見的早產原因或相關因素如下：

❶ 孕媽媽過往曾發生早產

❷ 孕媽媽身體出現發炎或感染情況

荷爾蒙分泌變化可令人體內酸鹼值失衡，孕媽媽會比非妊娠期女性更易受細菌感染。無論是生殖系統相關部位（如陰道、子宮頸、羊膜等），或是其他地方（如尿道、牙齦、肛門），都可以發生感染，並構成早產風險。

從中醫學度，孕媽媽陰血聚集下部滋養寶寶，容易形成「陽氣偏亢」的狀態。假如感受濕邪，就容易形成濕熱，侵犯下陰，導致不同的疾病，如帶下病，影響胎兒。

❸ 孕媽媽患有其他慢性疾病或妊娠併發症

例如糖尿病、心臟病、腎病、貧血、妊娠高血壓、妊娠糖尿病、妊娠毒血症等。

❹ 孕媽媽的體質狀態不良

有研究指出，孕媽媽身體**缺乏某些微量營養素或維他命**，寶寶會較容易提早報到。舉例説，孕媽媽的紅細胞生成不能趕及血容量增加的速度，加上要供鐵質予寶寶，身體容易缺鐵，影響免疫力，便容易發生感染性疾病。此外，孕媽媽體重增加速度太慢或懷孕總體重增加太少都會增加早產機會。

中醫認為，先天遺傳（腎為先天之本）、生活及飲食習慣（脾為後天之本，氣血生化之源）等因素，都可令孕媽媽體質虛弱，氣血不足，使胞衣（胎盤、羊膜）不穩固，容易破裂，因而早產。

❺ 孕媽媽過去曾經有多於一次的子宮頸損傷經驗，如流產、進行引產術或宮頸手術（如 LEEP 或錐形活檢）

各種手術導致宮頸損傷、功能不全或鬆弛，肌肉張力減弱，對宮腔壓力的承受能力亦減低。隨着寶寶成長，宮體增大，胎膜便容易擴張至宮頸口外，提早破裂，導致早產。

❻ 其他產科因素，如早期妊娠出血、多胎妊娠、羊水過多

假如孕媽媽的子宮或胎盤出現問題（如前置胎盤），會容易出現胎盤從子宮壁剝離的情況，引致流血、腹痛。出血又會刺激身體的反應機制，引發子宮收縮，釀成早產。

多胎妊娠、羊水過多等都可令子宮過度伸張，嚴重者可致胎膜破裂。

❼ 孕媽媽的情緒緊張或精神受傷

孕媽媽的心理壓力和消極情緒（如焦慮、不安、緊張、恐懼等）會影響身體的荷爾蒙變化（例如腎上腺），可能減低胎盤的血流量，或引起子宮收縮，或損傷脾腎（憂思傷脾、恐傷腎），造成早產。

❽ 創傷性的意外

例如跌倒、受碰撞、錯誤使用藥物等，均有機會刺激子宮，造成損傷或宮縮，令寶寶提早出生。

❾ 其他因素

例如不良習慣或行為（如抽煙、飲酒、濫藥）、長時間體力勞動、過度疲勞等，都可能增加早產風險。而 **17 歲以下及 35 歲以上的孕媽媽**，或者懷孕間隔太密，早產風險相對亦較高。

❿ 胎兒先天缺陷

⓫ 原因不明

早產引起問題多？

早產寶寶的身體組織及器官功能發展不夠成熟，並未準備好離開孕媽媽的肚腹。他們一出生便要面對各種生理狀態引起的不適或併發症，簡單如呼吸、進食、睡眠等，都可能是一種挑戰。

雖然很多早產寶寶都需住進初生嬰兒深切治療部（NICU），但在醫護人員的悉心照料下，絕大多數都能順利過渡，健康地回家。

孕媽媽們認識早產對寶寶的影響，就可警惕自己，好好養胎，避開那些有機會引發早產的因素！

早產可能對寶寶構成的危害：

- 夭折；
- 黃疸；
- 貧血；
- 低血壓；
- 體溫偏低、脫水：中樞系統未成熟，且皮下脂肪較少，體溫調節失衡；
- 心臟弱小，心動過緩；
- 開放性動脈導管[1]引致肺充血，以及其他器官缺血（如腦部、腸胃道、腎臟等）；
- 肺部發育未成熟，容易出現新生兒**呼吸窘迫症候群**、短暫性呼吸急促、支氣管肺發育不良、**肺炎**等；
- 胃腸道發育未成熟，可能需要靜脈滴注營養；
- 消化力和免疫力弱，易得**壞死性小腸結腸炎**；
- 視網膜病變；
- 吞咽和吸吮功能欠佳，飲食有困難，可能需要鼻胃管或口胃管輔助；
- 不能進入深睡眠，影響腦部發育及成熟；
- 較大機會出現腦室內出血（IVH），輕者無症狀，自行消退；嚴重出血可引致呼吸困難、心律不穩、抽搐、昏迷或死亡，並一些後遺症，例如大腦麻痹和學習困難；
- 除了寶寶的健康問題，早產的情況對家庭的經濟（醫療費用）、家人和寶寶的心理等方面都可能構成壓力！

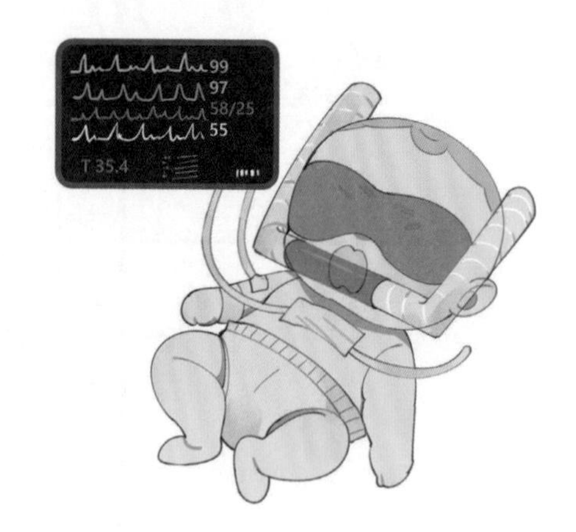

1 主動脈與肺動脈之間的一條血管，在足月寶寶出生後 2 至 3 天會進行功能性閉鎖，90% 的寶寶在出生兩週內便會完成結構性閉鎖。若導管未能閉合，部分壓力較高的主動脈血會流入肺動脈。

提防早產來襲！

遠離早產誘因之外，正視早產風險，積極作出行動亦十分重要！

1 認識早產徵兆

常見的早產徵兆

下腹疼痛（像痛經）、持續的腰痠痛、分泌物增加、出血

懷孕第 20 至 37 週期間的孕媽媽請特別留意，當出現以下情況，很可能是早產來襲。要馬上休息，並儘快求醫！

- **腹痛**：下腹變硬、下墜感、像痛經一樣疼痛，伴陰道壓迫感。
- **腰痛**：持續的腰痠或下背疼痛，難以改善，甚至痛及大腿內側。
- **分泌物增加**：分泌物突然增加，自陰道流出，可呈血液樣、黏液樣、水狀；
- **陰道出血**：出血量不多，可以是血絲、帶有黏液；
- **子宮收縮頻繁**：約每 10 分鐘就有一次以上，或 1 小時內出現 6 次以上的子宮收縮（下腹繃緊疼痛的感覺）；
- **持續的腹部絞痛或肚瀉**；
- **胎動比平常減少**一半以上等。

2 預防早產 TAKE ACTION！

i 定期產檢，測量宮頸長度

按照醫生指示定期作產前檢查，及早發現任何可能引致早產的情況，並給予適當處理！

宮頸長短與早產有關。醫生在超聲波掃描測量時發現子宮頸長度較短，可根據具體情況考慮使用黃體酮陰道片劑、進行子宮頸縫合、應用宮頸環托（Cervical pessary）等，降低早產機會。

ii 按指示使用類固醇

當孕媽媽的孕期在第 34^{+0} 週或以內，婦科醫生或會透過注射類固醇，幫助腹中寶寶肺部發育，以預防其早產後出現新生兒急性呼吸窘迫綜合症（ARDS），減低嚴重呼吸問題和夭折率，也可能減少腦部出血的機會。

有時候，醫生亦會根據需要，給予懷孕 34 週以上的孕媽媽類固醇治療。

iii 服用補充品 DHA

有研究顯示[2]，在**妊娠後半期，每日服用高劑量（1,000 毫克）DHA** 的孕媽媽，發生早期（28 至 32 週）早產率為 1.7%，而服用標準劑量（200 毫克）的孕媽媽則為 2.4%。當中，在開始研究前，體內 DHA 水平低的媽媽群，早產發生率減幅最大（高劑量組為 2%，標準劑量為 4.1%）。

2 Carlson, SE. Higher dose docosahexaenoic acid supplementation during pregnancy and early preterm birth: A randomised, double-blind, adaptive-design superiority trial. *EClinicalMedicine.* 2021. (https://doi.org/10.1016/j.eclinm.2021.100905.)

iv 根據體質養生

早產的孕媽媽較多屬氣虛、血虛、陽虛或陰虛體質，亦有見熱型或血瘀（外傷、癥瘕、情志）等，宜根據個人需要調節生活與飲食。

氣虛、陽虛的孕媽媽可以多服食補氣溫陽，固腎安胎的食物，如淮山、桑寄生、核桃、雞肉等；血虛則宜補血固沖安胎，可用阿膠、杞子、南棗等。又譬如熱型體質的孕媽媽，應選擇在清晨、黃昏或夜間時段進行做運動，要避免受猛烈日照。

v 建立良好生活習慣

足夠的營養、充足的休息、適當的體能活動都能增強體質及免疫力，是預防早產的基本良方。

若孕媽媽出現了先兆早產症狀，就要根據生產史及懷孕情況限制活動量。

vi 保持衛生

孕媽媽要保持日常清潔衛生，尤其是個人陰部的清潔乾爽，避免陰道感染。

vii 確保起居安全

懷孕期間，要儘量避免前往人多擠迫的地方，避免任何危險動作或活動、家庭暴力行為等。簡單如家居雜物收拾整齊，或在天雨時留在家中，都是值得注意的。

viii 放鬆精神，製造快樂

孕媽媽宜多進行讓自己感到輕鬆愉快的活動，例如看電影、聽音樂、郊遊等，避免精神刺激或接觸令自己不安和焦慮的人事。遇上困難和煩惱，應多與人分享，適時尋求專業的心理協助。

ix 控制慢性疾病，如有不適，及早求醫

孕媽媽應愛惜身體，切忌諱疾忌醫。若有慢性疾病，如糖尿病、高血壓，要好好控制，以防懷孕期間加重病情或誘發各種妊娠併發症，導致早產。若身體出現任何不適或異常情況，尤其是出現早產徵候，應儘快求醫。

醫生會根據孕媽媽的情況，予以合適的應對方案，例如臥床、使用藥物控制宮縮，又或者使用特定藥物促進胎兒成熟（如類固醇）等，以防止早產，及降低早產寶寶的死亡與併發症發生率。

CHAPTER 16

生產方法點選擇？

順產還是剖腹產

順產 —— 順應自然地生產，是指胎兒經陰道出生的分娩方式。

剖腹產，就是「開刀」，即用手術方式將孕媽媽的腹部切開，取出寶寶。

順產和剖腹產各有特色，程序、好處、缺點都有所不同。孕媽媽可以按照個人的實際情況，與醫生商討並作出合適選擇。

當寶寶足夠成熟要降生，孕媽媽就會發生陣痛，子宮的大門漸漸打開，寶寶便可通過陰道來到世上。

順產三階段

1

初產婦 8-18 小時
非初產婦 2-10 小時

早期 / 潛伏階段：宮頸開直徑 0-3cm → 子宮擴張頸部，變薄，收縮

↓

子宮收縮時間增長、頻率更密、力度更強

↓

子宮頸開放速度增快

活躍階段：宮頸開直徑：3-10cm（1cm / 0.5-2 小時）理想收縮頻率：3-4 次 / 10 分鐘

↓

2

初產婦 1-2 小時
非初產婦 0.5-1 小時

宮口全開：10cm → 子宮頸完全擴張

↓

主動推動寶寶從陰道而出

↓

3

30 分鐘內

寶寶出生

↓

排出胎盤

孕媽媽，你能想像自己的子宮頸擴張到多大嗎？

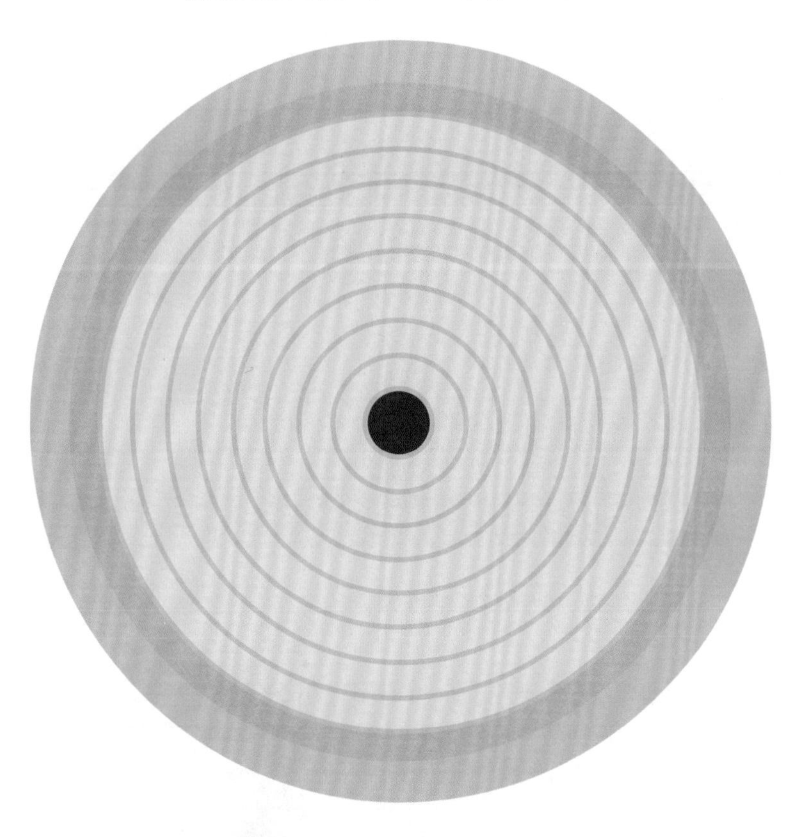

早期：子宮頸開始擴張（1cm）

子宮頸完全擴張（10cm），寶寶要出來了！

醫生會在有需要時使用催生藥、為孕媽媽施行羊膜穿刺術、局部麻醉或會陰剪開術，減輕孕媽媽的痛楚和產程對母嬰構成的損傷，使生產更加順利。

1 順產的好處

❶ 免受手術帶來的痛苦，如麻醉風險、手術創傷或出血、手術併發症、術後不適等。

❷ 孕媽媽的精神、二便、飲食、生活較快恢復正常，並可及早進行鍛煉，恢復體態。

❸ 住院時間較短，孕媽媽可及早回家。

❹ 寶寶從產道（陰道）出生，能夠鍛煉肺功能，皮膚神經末梢亦得到「按摩刺激」，神經、感覺系統發育會較好。

❺ 寶寶的免疫力會較好。

❻ 自然分娩是由孕媽媽垂體分泌的催產素所引起，既能推進產程，又能促進產後乳汁分泌（哺乳有利於寶寶健康及與孕媽媽的感情發展）。

❼ 子宮沒有創傷，減低下次懷孕時子宮破裂的機會。

2 順產的缺點和問題

順產好處雖多，但也有一些缺點和可能出現的風險：

❶ 疼痛：產前陣痛，分娩過程的痛感亦強烈。

❷ 如果分娩時胎兒位置不佳、孕媽媽骨盆狹窄或胎兒的頭過大等因素，令產程的第 1 階段過長（過程 >12-15 小時或宮頸擴張速度 <1cm/2 小時），會增加產後出血的風險。

3. 產程的第 2 階段太長或孕媽媽體力不支，便要用產鉗或真空吸引的方式助產，有機會引起胎兒頭部腫大或血腫（<1%）。
4. 當腹中寶寶出現缺氧或心率下降，便需要立即分娩。若宮頸已完全擴張，可能使用產鉗或真空吸引；如宮頸不完全擴張，則將需要進行緊急剖腹產，均可能引起相關的損傷或併發症。
5. 顱骨骨折（<1%）。
6. 肩難產（<1%）：過重的寶寶相對較易肩難產，可造成胎兒缺氧、新生兒鎖骨骨折、臂神經叢損傷等。
7. 寶寶在產程中不慎吸入受胎糞污染的羊水，可導致新生兒胎便吸入症候群（Meconium Aspiration Syndrome，MAS）。
8. 會陰組織受損會導致疼痛，並有機會發生感染、水腫、血腫等情況。
9. 三級或四級程度的會陰創傷（1%），可影響肛門內括約肌或直腸黏膜的肌肉，可以導致大便或腸道氣體失禁。
10. 產後陰道鬆弛可影響夫妻往後的性生活，或致骨盆器官脫垂（如子宮、膀胱、直腸、陰道）等後遺症。

此外，順產亦有一些比較罕有及危險的併發症，例如嚴重產後出血、羊水栓塞、胎盤早期剝離等。

手術前

孕媽媽要先確認施行剖腹產，了解各項要點，並進行身體評估及準備，例如量度身高、體重、呼吸、心跳、血壓，及檢查尿液、血液、心電圖等。之後，便按照手術須知和醫護人員指示作其他準備工作，並進行禁食。

手術日

醫護人員會為孕媽媽打靜脈滴注，輸液補充電解質，及為有需要給藥的情況先作預備。在手術室裏，孕媽媽會被麻醉（一般為半身麻醉，包括硬脊膜外及脊髓麻醉法）、清理體毛及消毒、進行尿管放置等程序。

做剖腹產的醫生，會在孕媽媽下腹部橫向切開一個約 10 公分左右的開口，將寶寶及胎盤取出。醫生可能會以產鉗等器械協助將寶寶拉出。取出寶寶及胎盤後，就會剪斷臍帶、清除惡露、縫合和處理傷口。

手術後

手術後，醫護人員會密切監測孕媽媽的身體情況。術後 1 至 3 天，孕媽媽便可拔除尿管，下床活動。

如孕媽媽洗澡，應使用防水的傷口敷貼。大約一週之後，當傷口復原進展良好（乾燥、無滲液），孕媽媽就能夠碰水洗澡。孕媽媽要繼續觀察子宮收縮、惡露和傷口情況，確保衛生護理，並按個人需要「坐月」調護。

1 剖腹產的好處

❶ 剖腹產的手術指徵明確，麻醉和手術一般都很順利。

❷ 若進行選擇性剖腹產，尚未宮縮就已施行手術，可以免去母親遭受陣痛之苦。孕媽媽亦因能預計寶寶出生的時間而減低焦慮不安。

❸ 腹腔內如有其他疾病，可一併處理，例如切除卵巢腫瘤或漿膜下子宮肌瘤。不過，由於同時進行這些手術可能會導致大出血，各位孕媽媽務必在生產前與醫生討論好合適方案。

❹ 可同時進行結紮手術。

❺ 對已有不宜保留子宮的情況，如嚴重感染、不全子宮破裂、多發性子宮肌瘤等，可同時進行子宮切除術。

❻ 如孕媽媽有性病或病毒感染（如愛滋病毒、人類乳頭瘤病毒、單純皰疹病毒等），剖腹產可降低寶寶感染的機會。

❼ 避免因自然分娩造成寶寶產傷的機會，如產瘤、血腫、鎖骨骨折、顱內出血等。

② 剖腹產的缺點和問題

❶ 腹部留有的疤痕可能為孕媽媽帶來困擾。

❷ 與順產比較，剖腹產會引起較多失血。

❸ 雖極少出現，但亦有可能發生手術麻醉意外，如麻醉藥過敏反應、呼吸困難、肺炎、局部疼痛不適、頭痛等。

❹ 手術時可能發生大出血或損傷附近器官，以致術後發生泌尿、心血管、呼吸和消化等系統合併症。

❺ 術後有可能出現子宮或傷口感染、切口癒合不良、晚期產後流血、腹壁竇道形成、腸粘連或子宮內膜異位症等。

❻ 相對自然分娩來説，剖腹產後子宮及全身的恢復都比較慢。

❼ 在下一次妊娠時，原子宮切口處有可能裂開，引發子宮破裂，而前置胎盤和植入性胎盤問題的風險亦較高。

❽ 如果原切口癒合不良，再次分娩時亦要進行剖腹產。

❾ 因寶寶沒有經過產道，缺乏「產道擠壓」，原本在肺部積存的羊水沒有充分排出。羊水留在寶寶的肺部被慢慢吸收，可影響肺部的擴張和功能，造成呼吸困難等問題。

另外，剖腹產手術中，有機會發生一些比較罕有的意外或併發症，例如寶寶被割傷、血管栓塞、羊水栓塞（順產也有機會發生此情況）、新生兒短暫性呼吸急促症、新生兒呼吸窘迫綜合症等。

中醫看看點生產？

「原生」（即陰道分娩）的生理過程，就像「孵雞日足，自能啄殼而出」一樣，是順應自然界規律的事。「原生」可強化孕媽媽及寶寶更多生理上的適應能力，讓孕媽媽身心機能得到最大的發揮，寶寶也會對未來生活有更充分準備。

傳統醫學認為生育應順承天命，不宜以人事阻撓，故不建議在沒有任何指徵（身體有特別需要）的情況下進行剖腹產，畢竟手術對身體有所傷害，且有各種程度的風險。當然，若醫生評估孕媽媽順產風險大，或在生產過程中出現自然分娩困難，為了挽救母嬰生命，施行剖腹產手術是必須的。

有一些孕媽媽的體質特別容易出現產後大出血，例如氣虛體質（氣不攝血）、血瘀體質（瘀血阻滯，血不歸經）；而熱型體質（熱與血結，阻痹胞脈，或兼熱邪）、血虛體質（沖任血虛，胞脈失養）及血瘀體質（肝鬱氣滯或寒邪凝血，瘀阻沖任）則容易發生產後腹痛（如產褥感染）。

體質對各種產程或產後併發症發生有一定影響。孕媽媽在考慮生產方法時，不妨留意一下。

生產方法點選擇？

婦產科醫生選擇進行剖腹產，是以孕媽媽與寶寶的健康及安全為大前提，例如在順產期間發現經陰道分娩可能對母嬰構成危險時，醫生會建議決定施行剖腹產來保障或挽救母嬰的生命。

當出現以下情況，醫生或建議孕媽媽進行剖腹產：

1. 早產；
2. 前置或低位胎盤；
3. 胎位不正：胎兒的姿勢和位置不利於自然分娩，如呈橫位；
4. 胎兒心跳不佳；
5. 前胎剖腹或是子宮曾開過刀；
6. 孕媽媽患有心臟病、脊椎損傷或其他重大內科疾病；
7. 孕媽媽屬高危險妊娠，例如懷孕後期合併高血壓及尿蛋白等；
8. 肌瘤阻塞分娩；
9. 生產過程不順利，產程遲滯；
10. 胎兒窘迫：胎兒在子宮內缺氧，心跳減慢，並可引起一系列綜合症狀。

雖然剖腹產的產後出血率、產褥感染率、產婦死亡率均較順產為高，但隨着科技愈來愈發達，剖腹產技術變得十分成熟，很多孕媽媽都基於個人原因進行選擇性剖腹產。

大家如有不理解或任何擔心，可與你的產科醫生作詳細討論和諮詢！

點可以順產？

許多女士和孕媽媽都崇尚自然，一心選擇順產，可是又擔心「食全餐」——經歷疼痛的煎熬，最後卻未能成功順產，需要剖腹分娩。

在寶寶報到前，有沒有方法可以提高順產的成功率，令產程更加順利？

懷孕前的準備

1 合適的懷孕年齡

孕媽媽的年齡與生產過程是否順利有關。如果年紀太小，身體組織發育不夠成熟（例如骨盆未固定成形），又或者年齡較大，身體組織老化（例如骨盆的關節變硬，不易擴張；子宮和陰道肌肉力量較差），都有機會延長分娩時間，增加難產機會。

2 健康的生活

健康飲食、充足休息、多做運動、擴闊社交圈子，有利身心及懷孕健康。當中，合適的運動鍛煉對順產來説十分重要，一方面促進體力及氣血循環，一方面則使下盆肌肉及骨骼強健，筋腱柔軟。

3 豐富孕產知識

對懷孕及生產過程有充足的認識，懂得合理調護，可減低妊娠併發症，為身體進行順產作好準備。另外，正確的認知有助孕媽媽對生產樹立信心，減低焦慮。

懷孕時的準備

1 健康飲食及運動，控制合理體重增長

孕媽媽在懷孕期間需攝取足夠的營養，但切勿暴飲暴食。營養過剩或攝入過量脂肪，有機會令寶寶體型發育過大，生產時難以順利通過媽媽的陰道。

適當的運動不但有助孕媽媽控制體重，也為順產所需要的體能、心肺功能、骨骼及筋肌力量做好準備，大大增加承痛能力及生產力，減少併發症或難產。

2 孕期生活習慣良好，減低孕產風險

懷孕期間保持良好的生活習慣，有充足的睡眠，保持清潔衛生，遠離煙酒及有毒物質，可有效減少妊娠併發症和胎兒先天性病患，也減少自然流產、早產等風險。

3 定期進行產前檢查，跟從醫囑指示準備

醫生在產檢時發現任何影響順產的問題（例如胎位不正），可及早糾正和治療。

假如屬於高危妊娠，緊記按照醫囑調護。醫生也會為產程做相應的準備，確保孕媽媽和寶寶安全與健康。

4 正確地進行順產運動和按摩，掌握分娩姿勢和體位

孕媽媽在產前階段不要懶惰，應按照教導，合理地進行順產運動和練習順產姿勢（可應用分娩球），還有提肛運動、呼吸放鬆、生產用力的方法等，都要時常溫故知新。臨產的孕媽媽亦可按摩會陰部，增加肌肉彈性。

順產時，孕媽媽記得儘量保持冷靜和忍耐，好好運用練習所得，讓寶寶順利出生！

5 及早處理早產的危險因子，認識早產徵兆，並作合理診治

早產的寶寶對於宮縮的耐受能力比較差，倘若由順產出生，會比較容易缺氧或發生顱內出血等情況，故醫生或會建議進行剖腹產。

想寶寶足月順產出生，體質強健，孕媽媽要避免和儘早發現一切導致早產的危險因素，例如妊娠期糖尿病、妊娠高血壓、孕期感染（如嚴重泌尿道感染）、低位胎盤、胎兒過大、煙酒、藥物濫用等。

萬一出現早產徵兆，孕媽媽要馬上告知負責醫生，有可能需長時間臥床，直至胎兒足月。

（孕媽媽想寶寶足月才報到？請參看第 15 章：提前報到點避免？第 254 頁。）

6 認知生產來臨，做好身體、心理、物資準備

充分了解產前徵兆，有意識地留意自己是否將要生產，正確評估生產可能、陣痛真偽，有助孕媽媽「臨危不亂」地面對順產。

產前徵兆包括：背部疼痛或腰部抽緊、體重停止增加或減輕、寶寶下移或肚子下墜的感覺、胃部不適感減少、食慾增加、恥骨部位疼痛、不規律性的宮縮（假性陣痛）、陰道分泌物增多、**見紅**、宮縮及腹痛變得頻繁並持續加強（**陣痛**）、羊膜破裂**穿水**等。

（認識產前徵兆、分辨真假陣痛，請參看第 18 章：點知生得喇？第 282 頁。）

7 事先了解產程，對順產建立信心

研究顯示，平靜的情緒及充足的信心能提高順產成功率。

孕媽媽應對生產過程和當中涉及的措施有充分的了解，如不明白，就向醫生查詢，做好心理準備，有助穩定情緒。

丈夫或家人也應予以適當的陪伴及鼓勵。如有需要，孕媽媽可尋找產前護理及心理輔導支援，減輕焦慮。

各位孕媽媽，要相信產科醫生、助產士、醫護人員的專業能力，也相信你自己有能力將寶寶帶來世上！

順產小貼士

1 冷靜

產程中，孕媽媽記得「不要怕」，對自己和醫護人員都要保持信心。縱然心中有所恐懼，疼痛有所難受，但為迎接健康的寶寶，要儘量保持鎮靜，調整心態。

別因緊張不安而失去理智，或大聲驚叫，儘量聆聽醫護人員的指示，對順產大有幫助。相反，容讓情緒無度發洩，會影響氣機，使氣怯、氣結，令孕媽媽精神疲乏，子宮收縮乏力、產力下降，引致產程延長或停滯而難產。

2 睡（儘量放鬆）

中醫認為「睡眠」是最好的養神惜力的方法。正式生產之前，孕媽媽宜養精蓄鋭，保留體力。若未能安睡，可閉目養神，進入似睡非睡的狀態，有助放鬆，並減輕恐懼和焦躁感。孕媽媽安穩，寶寶才會感到舒坦，在出生時順利轉動。

產房宜暖不宜冷，儘量保持安靜，避免人多及嘈吵，以免影響孕媽媽的心情和休息。

3 忍痛（善用呼吸）

呼吸短促會引起供氧不足，孕媽媽疼痛時要減慢呼吸，或應用特定的呼吸方法（如拉梅茲呼吸法），來放鬆身心，減少不必要的肌肉用力，令身體更有效耐受疼痛。

（中西醫均有一些緩解或處理生產痛的方法，請參看第 19 章：順產減點痛十大好法，第 292 頁。）

4 慢臨盆（用力有技巧）

古人認為，寶寶在孕媽媽的腹中會自己轉動，孕媽媽不必刻意用力生產，而且切忌着急，胡亂及過度用力。這個説法提醒各位孕媽媽，不要因急亂而過早用力，以免消耗體力，引致產力下降，產程延長。

分娩時，孕媽媽要抓住時機，合理並有節奏地用力！要把力量集中在腹部，像排大便一樣，用力往下推擠子宮，不要將力量放在頭、頸、胸等上部。

留意身邊醫護人員的指令去呼吸及發力，是最合適的方法。

5 保暖

產房溫度較低，可以讓孕媽媽及醫護人員保持清醒、幫助宮縮、避免孕媽媽因汗出而缺水、細菌的滋生等。為讓身體有足夠的體力在相對寒冷的環境下分娩，在進入產房之前，孕媽媽要好好保暖。

中醫認為，充足的陽氣、氣血流通都是順產的必要條件。溫暖的感覺亦有助孕媽媽備產時可以放鬆身心。相反，「寒則血凝泣，凝則脈不通」，氣滯、血瘀、氣虛等，都會增加難產或併發症的可能，尤其對於身體虛弱的孕媽媽，毋疑是雪上加霜。

6 按要穴

臨產及生產時，孕媽媽可按以下穴位，促進順產。

孕媽媽促進順產穴位圖

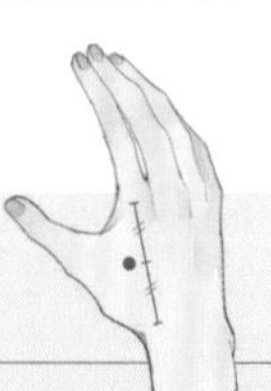

合谷

手背第1至2掌骨間，第2掌骨橈側的中點處，即大拇指與食指夾起來，找到肌肉最凸起處。主治滯產、產婦宮縮無力、產後乳少。

肩上，前直乳中，當大椎與肩峰端連線的中點處。主治虛勞，婦人產暈、難產、產後乳汁不下、乳癰。

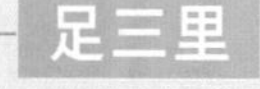

小腿前外側，外膝眼（犢鼻）下3寸，脛骨前緣外一橫指（中指）處，當脛骨前肌中。主治消化系統病症、虛弱、休克、貧血。此穴可健脾益氣，幫助孕媽媽氣血恢復，增加體力，順利生產。

在足第2趾的蹠側遠側趾間關節的中點。主治難產，胎衣不下。

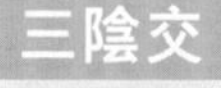

小腿內側，腳內踝骨最高點往上3寸處（約4橫指寬），脛骨內側緣後方凹陷處。主治妊娠胎動、難產、死胎、胎衣不下、產後惡露不行。

足小趾末節外側，距趾甲角旁約0.1寸處。主治胎位不正、滯產、胎盤滯留。

太沖

足背第1、2蹠骨間隙的後方凹陷處。主治滯產、月經不調、崩漏。

足部外踝後方，當外踝尖與跟腱之間凹陷處。主治難產、胞衣不下。

點知生得喇？

預產期是一個科學化的估算，至於實際上寶寶是否依期報到，我們並不知道。所以，當進入臨產期，孕媽媽就要有意識地留意一下，腹中骨肉有沒有任何與平常不一樣的舉動：

生產前的 4 至 6 週

孕媽媽的下腹可能會有**拉扯或疼痛感**（像痛經一樣的），**有時連及腰背部，但沒有規律**。這是子宮和腹部為生產做運動鍛煉，收縮能使肌肉變得更加發達和強健，令生產時更有力量！

生產前的 2 至 3 週

寶寶會慢慢轉身，向下方前進到骨盆裏面，孕媽媽的腹部會有一些**拉扯感**，或偶有少許疼痛。

生產前的一週

孕媽媽的**陰道分泌物增多**，也可能出現啡色黏液或很少量血液。如果分泌物有異味或陰部痕癢，可能是陰道發炎；如果出血明顯，則可能還有數小時或數天就要生產，均要立即求診啊！

經歷了以上種種，我們就知道，寶寶即將要報到了！

生產的訊號

分娩四大徵狀

陣痛、見紅、便意、穿水

1 分娩痛（陣痛）

- 生產前，宮縮令腹部疼痛。
- **子宮收縮或收緊，然後放鬆，不斷重複**。
- **宮縮定時發生**。
- 子宮**每次緊縮時，肌肉緊繃，腹部的疼痛會加劇**。
- 宮縮時，觸摸腹部可有僵硬感；間歇期（肌肉放鬆），疼痛會消失或減輕，腹部硬度亦減輕。
- 接近生產期，宮縮的頻率會**愈來愈頻密**，宮縮的時間增長，**強度亦逐漸增加**。
- 宮縮可將嬰兒向下擠壓，同時打開子宮的入口（子宮頸），準備生產時讓寶寶通過。
- 如果有問題，請諮詢你的醫生或保健專業人員。

2 見紅

- 見紅就是「看見紅色的出現」，即陰道流血。
- 正常的見紅：具有黏性的分泌物 + 少量血液。
- 血液通常是**鮮紅色，質地較稀**，但亦有暗紅色、粉紅色、混有黑血或斑點狀出血的情況。
- 陣痛期間，子宮頸充血，微絲血管破裂，加上胎兒下降，子宮頸擴張並與胎膜分離，宮頸的黏液塞[1]亦剝落，所以，陰道會同時流出血液及黏膜。
- **記下開始見紅的時間**，留意分泌物份量與顏色。
- 如流血量多，可能是前置胎盤或胎盤早期剝離等情況引致產前出血，須即時諮詢醫生或入院診治。

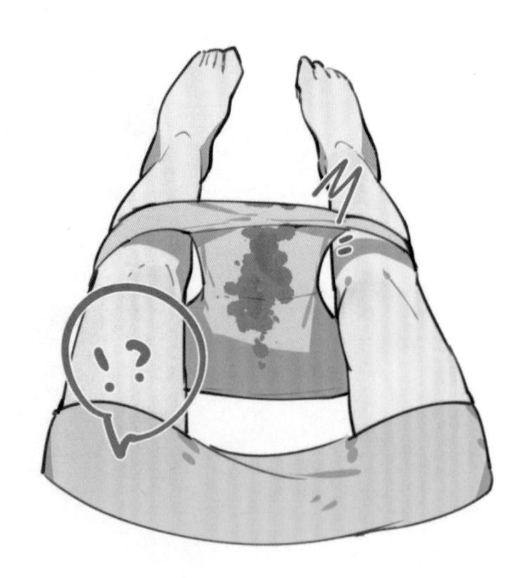

1 懷孕時，子宮頸會分泌出黏液，形成黏液塞（Mucus Plug），閉塞子宮頸管，使子宮與外界之間可有一道屏障，防止胎兒及胎膜受到細菌感染。當子宮收縮、子宮頸開始擴張時，黏液塞就會剝落。

③ 便意

- 寶寶頭部壓迫腸道，引起上廁所的衝動。

④ 穿羊水

- 包裹寶寶和胞漿的胎膜破裂。
- 大量無色無味的羊水不自控地從陰道自然流出。
- 穿羊水時，孕媽媽應平臥少動，以防臍帶順着羊水滑出子宮外而受壓，阻塞血液循環，危害胎兒。
- 大部分情況下，穿羊水表示須儘快分娩。

緊記！

陣痛持續多久，

或者各種臨產訊號甚麼時候出現，因人而異。

無論是選擇自然分娩還是剖腹產，

當有上述任何跡象，請即通知醫生，

尤其是如果腹中寶寶的成熟期尚未達到 37 週！

「試痛」、「作動」分真偽

分娩痛（陣痛）是孕媽媽生產的重要訊號。

臨近產期，受各種因素影響，例如胎體漸長，腹部肌肉及韌帶長時間拉扯、體內荷爾蒙改變、胎兒活動等，孕媽媽都可以感到腹痛。

孕媽媽的疼痛**一陣出現後，突然減慢，等一段較長時間才再出現**，或者突然緊痛又突然減慢，這種不明顯且無規律的下腹痛只是「試痛」——**假性陣痛**（假性宮縮，Braxtion Hicks）在懷孕期間（尤其妊娠後期）經常發生。

當出現這種混淆視聽的偽分娩痛，孕媽媽可儘量放鬆心情，保持安眠和正常飲食。

至於真正的分娩痛，正如前所述，無論在頻率、疼痛程度、發生時間等方面，都會逐漸加重。

陣痛辨真偽

特點	真・作動	假・試痛
規律性	呈規律性	不規則
頻率	間隔漸短；愈來愈頻密，在生產前大約 5 至 10 分鐘，然後可更短時間便發生一次。	沒有特定發作頻率。
持續時間	每次宮縮一般會持續數分鐘；直至生產前，隨頻率增加，疼痛持續時間相對縮短。	相對較短；時間不定，可能數秒，也可能數分鐘，或再長一些的時間。

特點	真・作動	假・試痛
程度	疼痛較劇，尤如嚴重痛經或腹瀉絞痛狀，且宮縮的疼痛程度一次比一次強。	程度不定，多無痛楚，或輕微不適，或像痛經；不會愈來愈痛。
位置	下腹部疼痛為主，或兼見後背不適，且感到骨盆及下陰受壓疼痛，亦可連及大腿。	常見於下腹、下腹兩側、腹股溝位置。
誘因	沒有特別原因，走動時宮縮來得更加頻密、疼痛加劇。	有可能由勞累或一些動作引起，例如站立、翻身、咳嗽、打噴嚏、小便等。
緩解方法	改變姿勢動作不能紓緩疼痛；生產前夕要保持冷靜，調節呼吸，嘗試睡覺、暖水浴 / 暖敷、按摩等。 若已在醫院，有止痛氣體（笑氣）、止痛針或無痛分娩。	躺下、向左側臥、改變姿勢、散步、按摩、暖敷、調整呼吸等。

附錄

「資」多一點

點準備「走佬」？

寶寶駕到的時間往往難以預料，為免突然措手不及，當產期臨近，應預先準備好「走佬袋」，以便隨時入院生產。

走佬袋——入院分娩前的隨身行李

一般來說，醫院[2]或醫生會預先給你必備的清單，孕媽媽和家人可以按照指示準備。

你亦可參考以下清單，然後根據實際需要作出增刪。

2 公立醫院與私家醫院所提供的物品會有所不同。公立醫院對走佬袋的體積有限制，醫院會為初生嬰兒提供帽子、上衣、毯子及包巾。私家醫院則提供基本梳洗用品，以及特定數量的產婦及嬰兒物品，例如衞生巾、尿片、嬰兒衣物、包巾等。如需額外的用品，可能收取費用。

孕媽媽走佬清單

基本個人用品

☐ 水杯
☐ 水樽（連飲管）

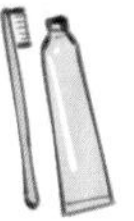

☐ 梳洗用品（梳子、牙膏、牙刷、面巾）
☐ 個人護理用品（如潤唇膏）

☐ 沐浴用品（如需要）
☐ 廁紙

☐ 衣物（衣服、襪子、拖鞋、內衣褲）
☐ 髮箍、髮圈

產前用品

☐ 孕婦衛生巾
☐ 即棄孕婦內褲

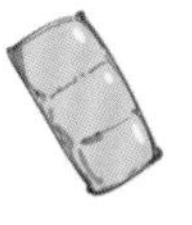

☐ 厚身的防水墊床紙
☐ 冷熱敷墊

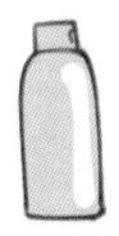

☐ 面部保濕噴霧（適用於分娩期間為肌膚降溫）

產後用品

☐ 即棄網褲
☐ 產婦衛生巾（連扣裝）

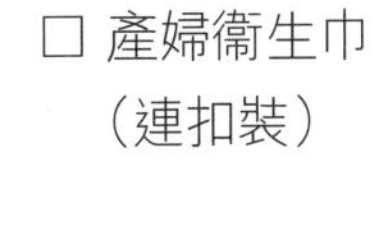

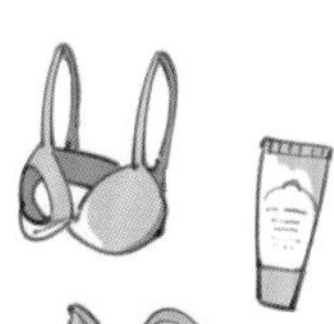
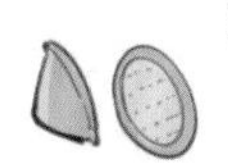

☐ 哺乳胸圍
☐ 防溢乳墊
☐ 乳頭霜

☐ 毛巾
☐ 消毒濕紙巾
☐ 沖洗瓶

重要物品	其他
 ☐ 身份證 / 護照 ☐ 金錢 / 銀行卡 / 八達通卡等   ☐ 手提電話 ☐ 所需文件（例如產前檢查文件、分娩方式計劃、保險文件等）	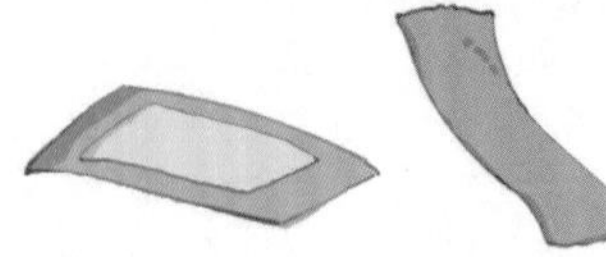 ☐ 嘔吐袋 ☐ 床墊或毛巾（以防在前往醫院中途穿羊水）  ☐ 輕便食物 ☐ 手機充電器 ☐ 眼罩及耳塞 ☐ 手機充電線及插頭  ☐ 平板電腦 ☐ 化妝品和拍照衣服  ☐ 耳機 / 音樂 ☐ 鎖（如需要）

初生寶寶物品
☐ 初生嬰兒紙尿片 ☐ 無香料嬰兒濕紙巾或棉柔巾 ☐ 嬰兒衣物 

中醫走佬小貼士

除了一般必需品，孕媽媽亦可帶備以下這些東西，令產程更加順利，並預防生產前後的不適。

生產五大法寶	
暖水袋／發熱貼	■ 產前或產後暖敷腰部，緩解及預防產後腰膝痠痛或冷痛； ■ 外敷肩頸，避免因產後身體虛弱，感受風寒之邪而導致感冒、頭痛、身痛等； ■ 哺乳的產媽媽熱敷乳房，配合按摩，暢通乳腺，增加乳汁的分泌； ■ 注意溫度，切忌燙傷。
陳皮	■ **作用**：行氣止痛、燥濕化痰、運脾和中；減輕生產前後寒濕中阻、脾胃氣滯引起的脘腹脹痛、噁心嘔吐；緩解生產後的麻醉不適反應，並有助產媽媽產後胃腸蠕動的恢復。 ■ **方法**：將 2 至 6 克陳皮切絲，焗水飲用。 ■ 分娩後可以進飲食時，先飲些陳皮水，啟動脾胃氣機，之後才飲食； ■ 陳皮性偏溫，且燥濕，須視乎體質而調節份量。
生薑	■ **作用**：溫胃止嘔、祛風散寒；緩解生產術後的麻醉不適反應，有助產後祛除寒邪，增強體質。 ■ **方法**：2 至 3 片薄薄的生薑（毋須去皮）焗水，每次少量飲用。 ■ 生薑性偏溫，須視乎體質而使用。
保溫杯	孕媽媽生產前後禁忌生冷，而且行動或不方便，想獲取熱水也要假手於人，保溫杯正好發揮其作用。另外，沖焗茶飲後需保溫，也比較方便。
按摩棒	按壓穴位對產褥期的孕媽媽甚有裨益，例如幫助緩解生產陣痛、產後子宮復原等。應用按摩棒可增強刺激，加強效果，也避免雙手長時間按穴而疲勞費力。

最後，孕媽媽應避免使用對剛出生寶寶有害的物品，如含樟腦成分的藥油。

順產減點痛十大好法

人人都知道，生仔十級痛！

有人覺得分娩痛並不如想像的可怕，有人則痛得不敢生下一胎。不論疼痛程度有多大，分娩疼痛是毋庸置疑的事實，對孕媽媽來説是一個重大的挑戰。那種痛楚，只有經歷過，才能明白。

過度疼痛為孕媽媽帶來心理負擔（例如恐懼和焦慮），以致不能冷靜地按照指示生產，同時亦會使身體內在環境紊亂，加劇疼痛情況，甚至引發不適反應，如噁心嘔吐、手腳麻木、血壓上升、心跳加速，不但不利產程，嚴重者更可造成胎兒缺氧、難產等。所以，疼痛越少越好。

假如疼痛在可耐受的範圍，
孕媽媽就能夠更自主地參與分娩的過程，
避免因過度痛楚而改為剖腹產，
也減少生產期間的意外，
保障寶寶的安全。

舉例說，生產時，孕媽媽的呼吸與肌肉活動若能協調，可以增加胎盤血流量，使寶寶的供氧量充足，又可避免不當用力令寶寶受傷。

其實，孕媽媽在分娩時感受到的疼痛大小，與寶寶的大小和位置、個人體格（例如骨盆的大小、肌肉力量）、情緒、對疼痛的耐受度、子宮收縮程度，以及生產環境等都有關。在眾多種因素影響之下，有甚麼方法可以幫助孕媽媽減輕疼痛呢？

多識一點，痛減多點

順產減點痛十大好法

藥物直接止痛好

正確呼吸要做好

心理情志照顧好

按摩百搭配合好

經穴緩痛按壓好

耳穴刺激操作好

分娩球技巧用好

音樂悅耳調神好

天然精油減痛好

綜合並施效果好

1 藥物直接止痛好

i 笑氣

笑氣（Entonox，一氧化二氮）是一種具有輕微麻醉作用氣體，可使身體鎮靜及放鬆。孕媽媽吸入後，可以止痛。

優點：

- 見效快（吸入 15 至 30 秒即見效）。
- 只要使用恰當，基本上沒有副作用。
- 藥效消失快，對孕媽媽及寶寶沒有殘留影響。
- 方便使用，且可隨時停用。
- 吸入的次數基本上沒有上限。

缺點：

- 假如過量吸入，可產生頭暈（天旋地轉，昏昏欲睡）、噁心、反胃的感覺，甚至會出現精神恍惚、難以專注（尤其是容易暈車浪的女士）。
- 止痛效果與孕媽媽的技巧有莫大關係，笑氣會隨呼出的空氣排出體外，需要不斷透過面罩吸入，因此需要孕媽媽掌握呼吸節奏及笑氣生效時間，**在陣痛高峰發生前 15 至 30 秒左右吸入氣體**，並不要過度換氣。

ii 止痛針

醫生將止痛藥物（例如嗎啡）注射在肌肉上，亦有以靜脈注射的方式給藥，藥效可以維持3至4小時。

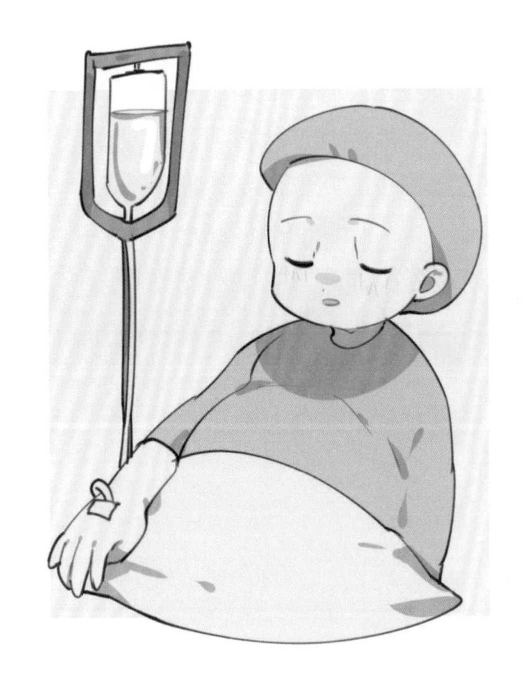

優點：

- 止痛功效較笑氣為佳。
- 止痛藥或令人昏昏欲睡，孕媽媽可以休息得更好。

缺點：

- 起效時間不及笑氣快。
- 止痛藥可通過胎盤進入寶寶體內，令寶寶受影響「入睡」，呼吸受抑制。因此分娩前夕不能使用這方法。
- 若孕媽媽注射止痛針後，寶寶很快出生，醫生或須準備「解藥」。
- 副作用較笑氣多，例如過敏、眩暈、使初生寶寶呼吸困難等。
- 生產後，殘留藥物有機會經母乳排出。

iii 無痛分娩

無痛分娩（脊髓硬膜外麻醉）是一種將麻醉藥注射於脊椎組織的止痛方法。麻醉科醫生會在孕媽媽的脊椎骨中間刺入導針，並在硬膜外的間隙置入細軟導管。拔除導針後，就可經導管輸入局部麻醉藥及其他藥物。藥物會令脊椎神經暫停活動，使孕媽媽下半身的痛覺大大減輕。

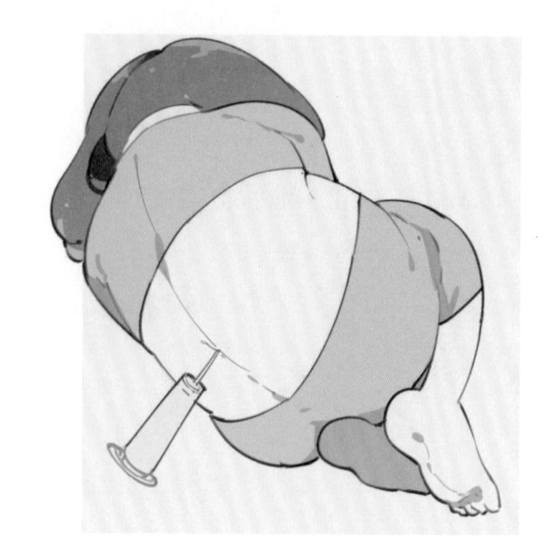

優點：

- 止痛效果顯著，避免因過度疼痛令孕媽媽體力透支而改為剖腹產。
- 可按孕媽媽的實際需要，隨時調校用藥劑量。
- 降低孕媽媽生產時施力不當，造成陰部嚴重撕裂傷的機會。

缺點：

- 有一定副作用及風險，較常見的有頭暈、噁心、嘔吐、腳麻、頭痛、背痛、短暫排尿困難、皮膚痕癢、下肢無力、低血壓、發燒等；十分罕見的有局部血腫、膿腫、感染、神經受損、麻痹、心臟停頓等。
- 若孕媽媽施術部位的脂肪和軟組織特別多，可能會影響藥液擴散，降低止痛效果。
- 如孕媽媽的血小板過低、背脊有傷、背部曾進行手術，均有機會不適合使用。
- 使用吸盆或產鉗輔助分娩的機會增加。

在無痛分娩過程中，孕媽媽雖不是完全沒有痛楚，但此法的止痛效果是眾多方法中最顯著。而且，隨着醫療技術的進展和成熟，孕媽媽不用擔心過度用藥引致下半身肌肉乏力。痛楚大減之餘，又能感受子宮收縮的節奏，孕媽媽可用腹腔的力量幫助寶寶順利娩出。

每種藥物止痛法都有優點或副作用，請孕媽媽向醫生了解懷孕情況，選擇最適合自己的方案。

2 正確呼吸要做好

在生產過程中運用正確的呼吸方法，可以讓孕媽媽：

❶ **緩痛：**將注意力集中在呼吸上，使大腦忽略疼痛的感覺；
❷ **放鬆：**幫助身體肌肉放鬆，減低緊張感，提高對分娩痛的忍受力，並保持體力。

根據產程不同階段的需要，孕媽媽調整個人呼吸深淺節律，可使產程更順利。

	產程階段	呼吸基本要點
第一產程	潛伏期	■ 鼻吸口呼 ■ 腹部放鬆 ■ 呼吸相對深而慢
	活躍期 （宮口開 3-8cm）	■ 鼻吸口呼 ■ 淺而慢，適時加速 ■ 宮縮增強，呼吸加速，宮縮減弱，呼吸減緩 ■ 宮口接近開全時，用淺呼吸
	活躍期 （宮口開 8-10cm）	■ 口微張，口吸口呼 ■ 淺呼吸 ■ 呼吸速度按宮縮強度調整
第二產程	寶寶開始娩出	■ 閉氣用力呼吸：每次宮縮時，深吸一口氣，憋氣 10 秒以上，並用力把寶寶往下擠 ■ 收縮停止時休息
	寶寶胎頭娩出 2/3	■ 哈氣呼吸：張口，急促呼吸如喘息 ■ 儘量放鬆全身 ■ 可減低衝力太大造成會陰撕裂傷

呼吸小提示

孕媽媽在緊張和痛楚之中，眼睛宜注視於一點，想像寶寶出生的美好，並同時留意身邊人的提醒（如陪產者、助產士、護士等），調整個人的呼吸。

在產前講座用心學習呼吸的詳細方法和具體技巧後，要加以練習，做好準備，自然不會慌亂！

3 心理情志照顧好

孕媽媽焦慮不安會延長產程，而平靜、放鬆，並**對自己在分娩時應用減痛技術有信心**，則可增強疼痛的耐受能力，也就能更主動和積極地參與分娩過程。

那麼，有甚麼方法可以給孕媽媽建立良好的心理及情緒狀態呢？

- 缺乏分娩經驗
- 陌生的環境
- 緊張的氣氛
- 分娩痛的刺激
- 對痛感遞增的驚恐
- 對分娩過程和結果的未知性

痛感加重，生產不順利，產程延長

緊張、擔憂、恐懼

i 陪產（丈夫、有經驗者、專業人士）

陪產令孕媽媽有足夠的安全感、對產程更有信心，可縮短產程、增加順產成功率、降低剖腹產的機會，孕媽媽與寶寶在圍產期的疾病亦會減少發生。

陪產者作用的大小，與他們的專業知識、技巧、能力，以及與孕媽媽的情感連繫，都有莫大關係。

陪產者最好能做到：

- **幫助孕媽媽穩定情緒**

  大部分孕媽媽都希望丈夫或最親密的人在重要時刻陪伴左右。陪產者說話上的肯定，或身體上的接觸（如撫摸、擦汗、按摩、擁抱等），都能成為孕媽媽的支持，給予**安全感和信心**。

- **幫助孕媽媽實踐生產技巧**

  在產程中，孕媽媽受疼痛及情緒變化的影響，可能會失去自控能力，忘卻學習過的生產技巧要領，例如呼吸節奏及施力方法等。陪產者在身邊，可**反覆地提醒孕媽媽放鬆和專注呼吸**，引導其正確地呼吸和用力，或在需要時協助改變姿勢或體位等。

- **成為孕媽媽與醫護人員溝通的橋樑**

  陪產者可以**為孕媽媽表達需要**，也幫助轉達和強化醫護人員的指示。

稱職「陪產員」：
陪產者最好對整個產程
（包括產前徵兆、進展、產後情況等）
有一定認識，並了解生產的技巧。
非專業的陪產者
可與孕媽媽一起上分娩課程。

其實，中國與許多國家都已流行「導樂陪產」，就是在分娩過程中僱請有過生產經驗，且有豐富產科知識的專業人士，陪伴分娩全程，由產前開始，直至圍產期，向孕媽媽及丈夫提供專業知識的協助，解答疑問，並提供身體上的幫助和心理支援，有效幫助孕媽媽減低分娩痛、藥物鎮痛用量、剖腹產的機會。

ii 入院前做好心理準備

孕媽媽要認識整個分娩的流程，但不要去接觸一些相關的負面訊息和新聞，也不要盲目相信其他孕媽媽的「痛苦經驗」，因為順利的產程由許多因素構成。

相反地，孕媽媽可以**多複習分娩技巧、看育兒書籍**，或進行令**身心放鬆和快樂的活動**（如聽音樂、看卡通片）。如有疑惑或擔憂，可向專業人士請教及分享。

iii 入院後儘量調息身心

孕媽媽宜選擇讓自己感到最舒適的體位，可以的話，**將房間光度調校暗一點**，儘量平靜心情及休息，適時走動一下，養精蓄鋭，迎接正式分娩的來臨。

陣痛期間，孕媽媽可以**專注在呼吸**上，並使用本章介紹的方法幫助放鬆心情及減輕痛楚。孕媽媽亦可按個人體質及實際情況，**冷敷或熱敷額頭、肩頸**，鎮靜或紓緩緊張情緒。

iv 根據體質調養及疏泄情緒

孕媽媽根據個人體質，在生產前適當地進行飲食、生活及思想上的調護，令身體陰陽平衡，情緒自然容易平穩。舉例説，平素身體陽熱熾盛的孕媽媽，可多進食清熱的食材、保持室內空氣流通乾爽及溫度舒適、多欣賞身邊的人和事。

陪產者亦一樣，可按孕媽媽的體質及個性，幫助她們疏泄情緒，用積極、樂觀的態度面對整個分娩過程。例如熱型體質的孕媽媽心情煩躁，應幫助她們宣泄；陽虛、氣虛、血虛的孕媽媽，多擔憂害怕，應適當安撫。

v 釋除疑慮有助正向思考

醫護人員和陪產者等宜向孕媽媽充分解釋待產、生產、產後的程序、環境、技術，以及她們所需要配合的地方，消除她們心中的顧慮。

例如有很多孕媽媽在產前選擇靠自己順產，避免用藥，到生產期間才因疼痛要求使用藥物，其實都是一個安全的抉擇。孕媽媽認知分娩技術的成熟及安全性，便能有正向態度面對分娩過程，也更易控制情緒表達行為，與醫護人員好好溝通。

vi 中醫穴位紓緩不安

孕媽媽可以透過按壓穴位刺激經絡氣機，達到清心除煩、疏肝解鬱、鎮靜安神等效果，以調整個人情緒，緩和緊張、焦急、不安等心情。

常用穴位

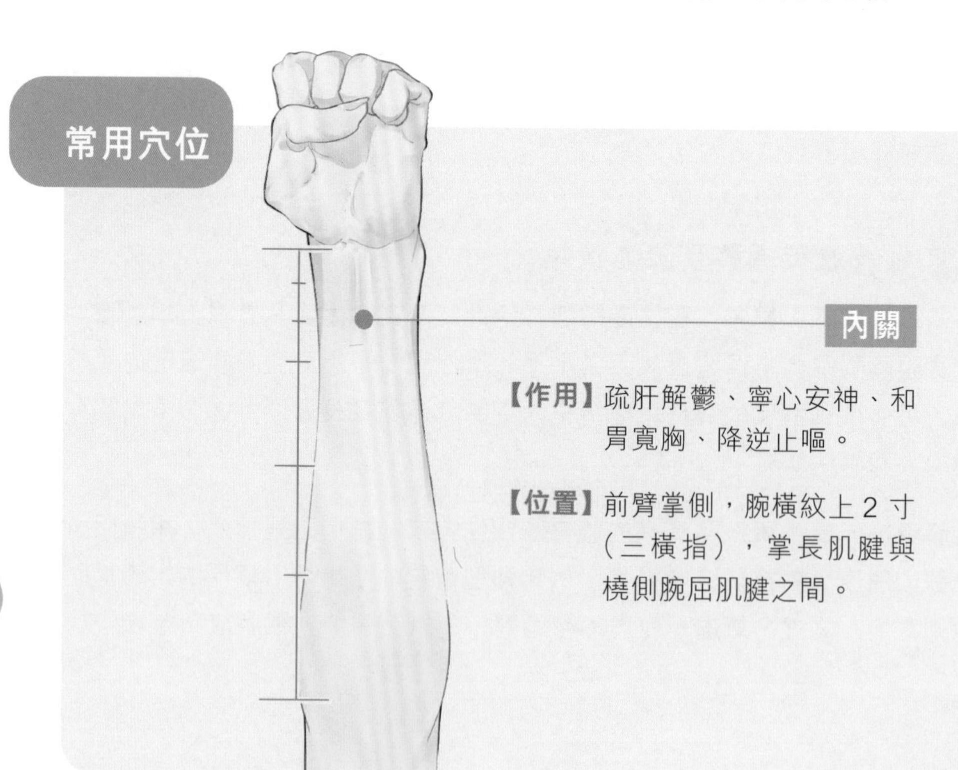

【作用】疏肝解鬱、寧心安神、和胃寬胸、降逆止嘔。

【位置】前臂掌側，腕橫紋上 2 寸（三橫指），掌長肌腱與橈側腕屈肌腱之間。

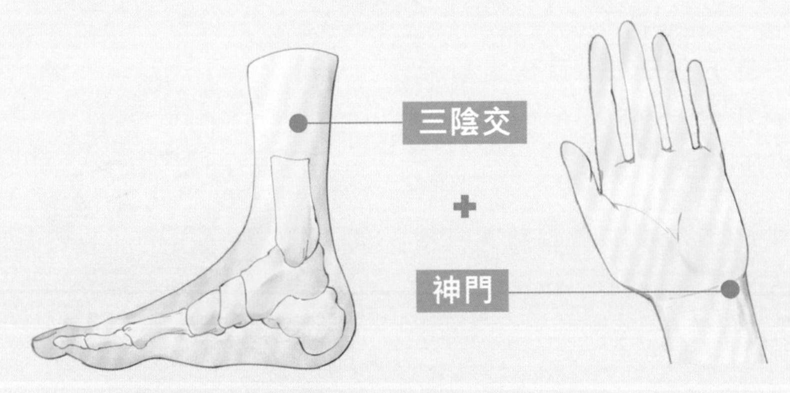

【作用】疏理肝脾，養血安神，清心寧神。
三陰交同時具有治療經痛、減輕陣痛的作用。

【位置】三陰交位於小腿內側，足內踝尖上 3 寸（四橫指），脛骨內側緣後方凹陷處。
神門位於腕部腕掌橫紋上，尺側腕屈肌腱橈側凹陷處。

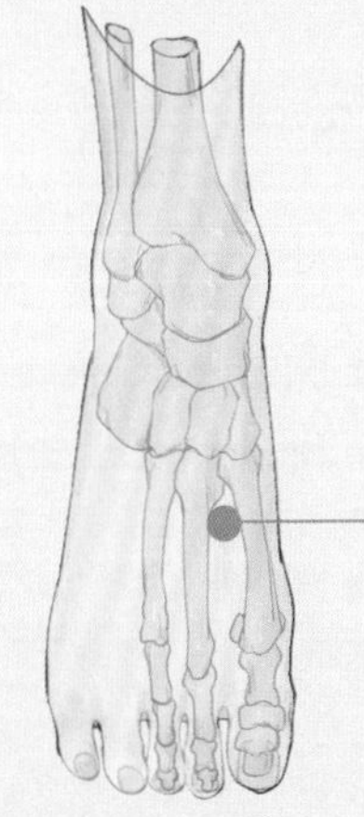

【作用】啟閉氣機，平肝解鬱，行氣活血。
合谷同時具有治療經痛、減輕陣痛、催產的作用。

【位置】合谷位於手背第 1、2 掌骨間，第 2 掌骨橈側的中點處。
太沖位於足背第 1、2 蹠骨間隙的後方凹陷處。

4 按摩百搭配合好

陪產的丈夫或家人，在進入產房之前，為孕媽媽進行按摩，可放鬆肌肉、支持安慰，減輕疼痛。

按摩的手法有很多種，例如輕輕撫摸孕媽媽的腹部、揉捏肩膊和四肢、按壓腹背的痛點等，應預先學習一下。

此外，亦可運用一些工具（例如網球、按摩棒等），或配合精油、音樂、穴位等，加強效果。記得選擇孕媽媽舒適的體位，根據她的喜好按摩啊！

5 經穴緩痛按壓好

中醫認為，懷孕及分娩與沖、任、督、帶四脈，以及腎、脾、肝、心四臟關係最為密切。刺激相關穴位，可以疏通經絡，行氣理血，平衡陰陽，補助不足，調節胞宮功能，減輕疼痛及不適症狀，使產程更加順利。

從現代醫學角度，透過針刺等方法刺激穴位局部組織，身體會釋放一些物質，調節神經系統，阻滯痛覺感受傳導及控制情緒反應，又能增加盆腔局部血液迴圈，減輕分娩疼痛，並協調子宮收縮，促進宮頸成熟和催產，縮短產程，減少產後出血。

雖然香港目前未有結合中醫針灸療法的分娩方法[1]，但孕媽媽及陪產者可以用人手按穴的方式刺激經穴，達到相似的效果。

1 除了徒手按壓及針刺，國內還有其他方法刺激經穴，例如注射、經皮電刺激法、超聲針灸等，能有效減輕孕媽媽的生產痛，提高順產率，實在是孕媽媽的福音。

分娩鎮痛常用穴位

上肢穴位及位置

合谷 *

手背，第 1、2 掌骨間，當第 2 掌骨橈側的中點處。

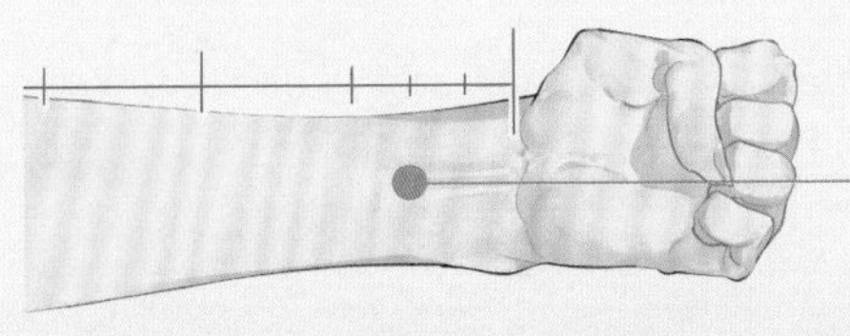

內關

在前臂掌側，當曲澤與大陵的連線上，腕橫紋上 2 寸（三橫指），掌長肌腱與橈側腕屈肌腱之間。

下肢穴位及位置

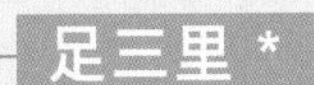

足三里 *

在小腿前外側，當犢鼻下 3 寸（四橫指），距脛骨前緣一橫指（中指）。

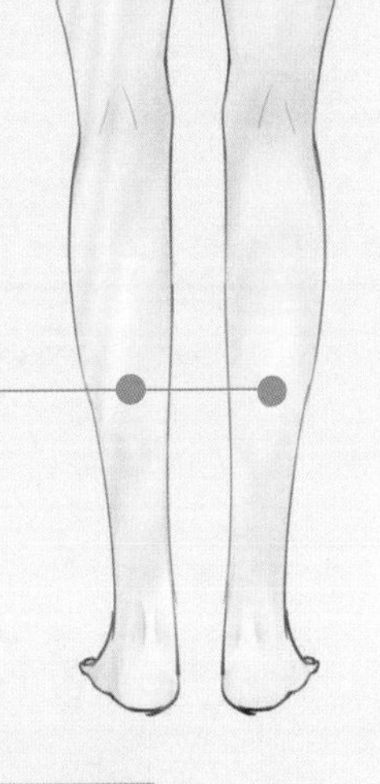

承山

在小腿後面正中，委中與崑崙之間，當伸直小腿或足跟上提時腓腸肌肌腹下出現尖角凹陷處。

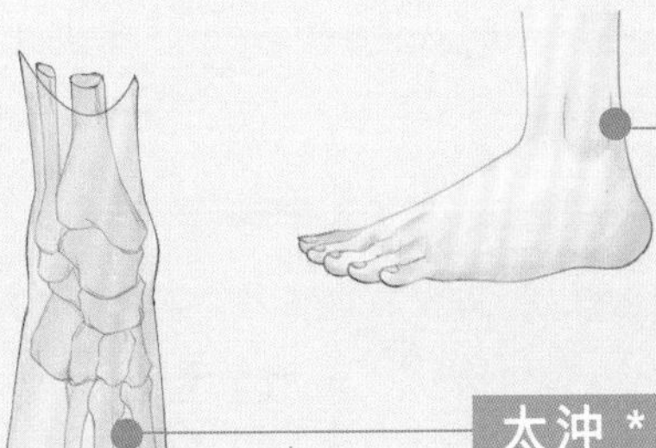

崑崙 *

在足部外踝後方，當外踝尖與跟腱之間的凹陷處。

太沖 *

在足背側，當第 1 蹠骨間隙的後方凹陷處。

三陰交 *

在小腿內側，足內踝尖上 3 寸（四橫指），脛骨內側緣後方。

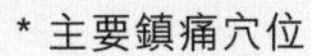

* 主要鎮痛穴位

分娩鎮痛常用穴位

腹部穴位及位置

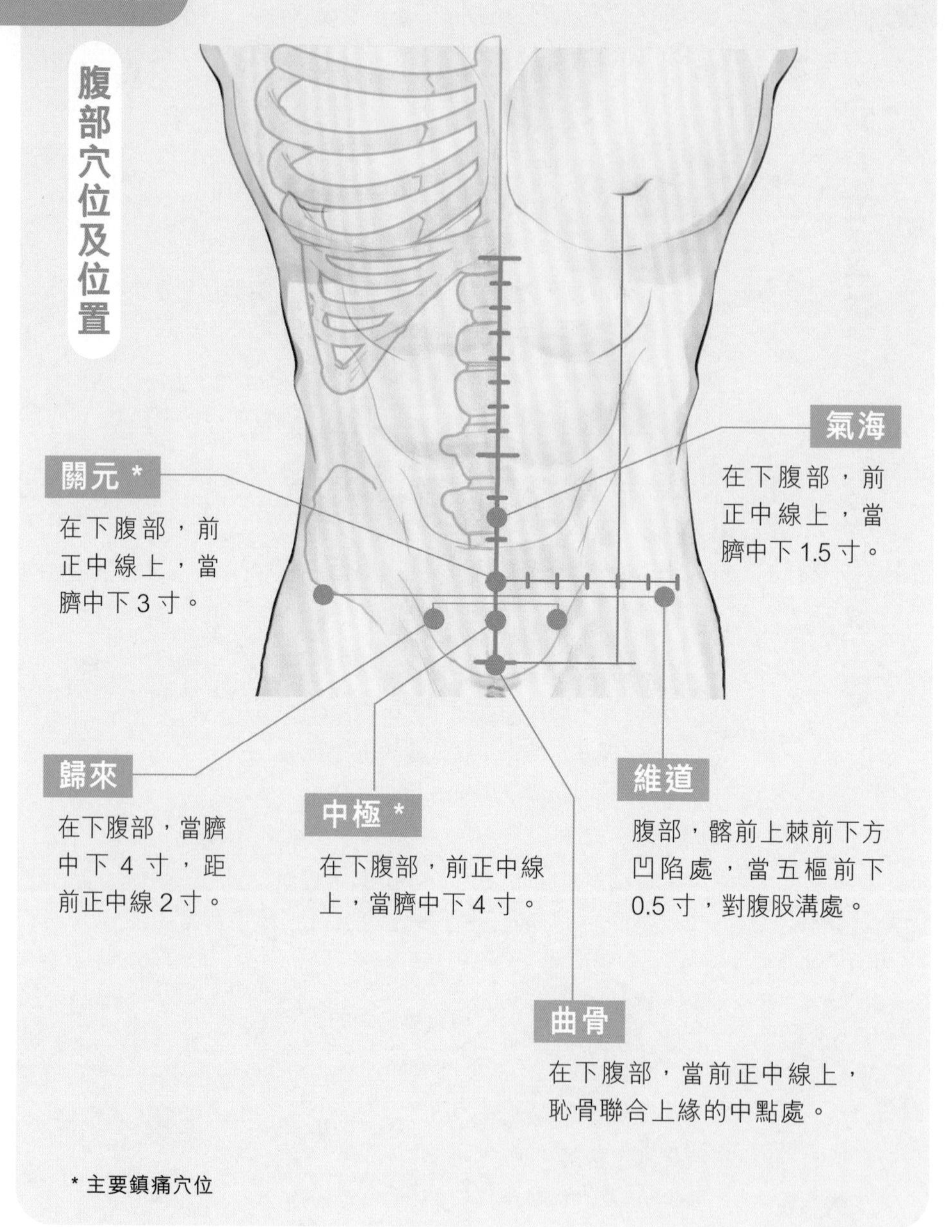

* 主要鎮痛穴位

2 腹部前正中線的穴位以「骨度分寸法」量度：由天突至胸骨劍突聯合為 9 寸，胸骨劍突聯合至肚臍的垂直線為 8 寸，由肚臍至恥骨連合上線為 5 寸。

分娩鎮痛常用穴位

腰部穴位及位置 ❶

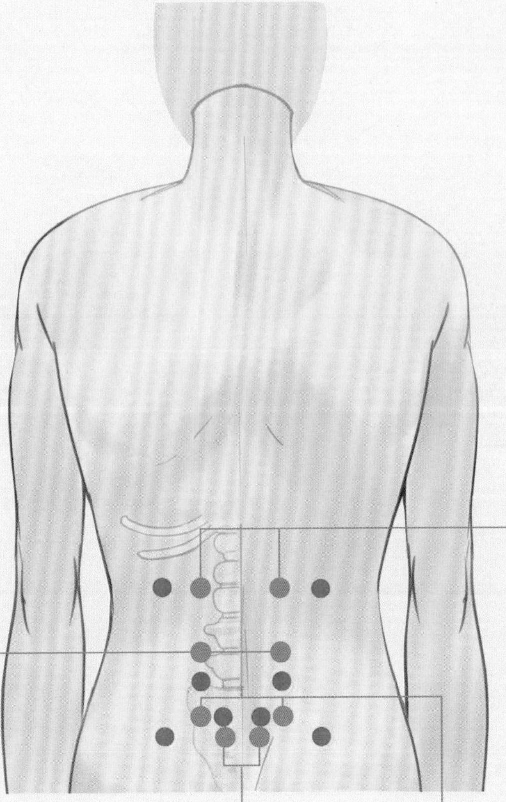

腎俞

在腰部，當第2腰椎棘突下，旁開1.5寸（約二橫指寬）。

大腸俞

在腰部，當第4腰椎棘突下，旁開1.5寸（約二橫指寬）。

小腸俞

在骶部，當骶正中脊旁1.5寸（約二橫指寬），平第1骶後孔。

次髎

在骶部，當髂後上棘內下方，適對第2骶後孔處。

分娩鎮痛常用穴位

腰部穴位及位置 ❷

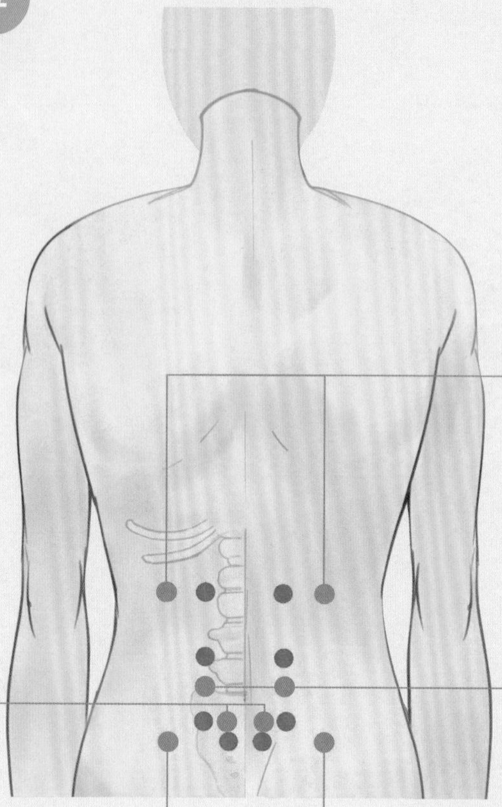

志室

在腰部，當第 2 腰椎棘突下，旁開 3 寸（約四橫指寬）。

關元俞

在腰部，當第 5 腰椎棘突下，旁開 1.5 寸（約二橫指寬）。

上髎

在骶部，當髂後上棘與中線之間，適對第 1 骶後孔處。

胞肓

在臀部，平第 2 骶後孔，骶正中脊旁開 3 寸（約四橫指寬）。

壓痛點 *（阿是穴）

陪產者用雙手大拇指沿腰骶部脊柱兩旁，由上而下按壓（尤其是上述膀胱經的穴位），尋找宮縮時比較明顯的痛點。按壓該痛點後，可明顯減輕陣痛，該點即為阿是穴。

* 主要鎮痛穴位

分娩鎮痛
常用穴位

頭部穴位及位置

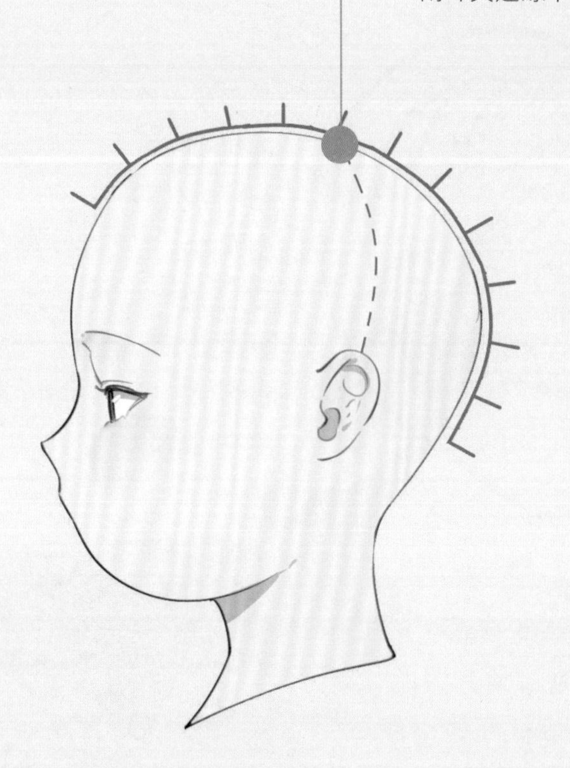

陪產者可在孕媽媽待產期間輪流按壓及揉捏上述穴位，每穴 30 秒至 1 分鐘，左右均做。陣痛與陣痛之間，按四肢穴位為主。陣痛發作時，則按壓腰骶穴位。

6 耳穴刺激操作好

透過耳穴，可以行氣活血、鎮靜安神，調節身體的內分泌系統（例如產生類嗎啡樣物質），以減輕焦慮，並起鎮痛效果。研究顯示，耳穴刺激（包括耳針、耳穴貼敷及按壓等）可以縮短產程，減少產後出血。

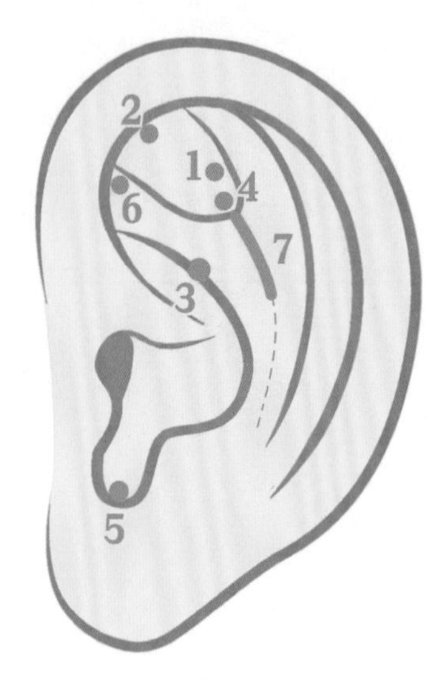

常用以分娩鎮痛的耳穴包括：

❶ 神門
❷ 子宮
❸ 下腹
❹ 盆腔
❺ 內分泌
❻ 交感
❼ 腰骶椎

臨產前，在常規消毒雙耳耳廓後，便可讓醫師將耳穴貼（附有中藥王不留行籽的小膠布）對準耳穴貼壓。待產時，孕媽媽或陪產者用拇指及食指捏壓耳穴進行按摩刺激即可。

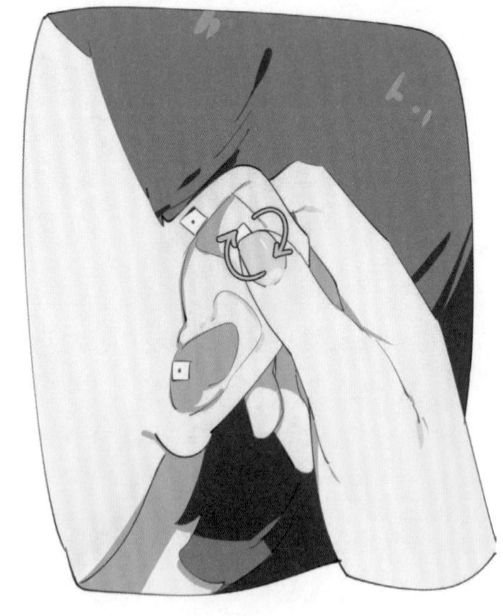

7 分娩球技巧用好

分娩球（又稱生產球）是孕媽媽專用的瑜伽球（充氣的膠質球體），柔和而有彈性。

傳統分娩方式的平躺姿勢，容易令孕媽媽下身肌肉和關節較僵硬。正確使用分娩球，可以放鬆盆底肌肉，刺激腰腹經絡，減輕疼痛，並有利胎頭下降，加快子宮頸開口，縮短產程。

孕媽媽應在專業助產士或醫生指導下，在宮縮活躍期間，採用舒適的體位進行分娩球運動。

過程中亦**可配合按摩及穴位按壓**，加強鎮痛效果。使用分娩球的孕媽媽，可以**事先學習**，以在生產時能更得心應手，有效減痛。

現時已有公立醫院引入分娩球鎮痛法。不過，由於此方法不方便醫生觀察下陰傷口裂開情況，亦不便於放置監察胎兒心跳和子宮收縮的儀器，所以有些醫生並未建議使用。

8 音樂悅耳調神好

音樂一方面能興奮聽覺神經，抑制相鄰的痛覺中樞，一方面能轉移注意力，分散對痛覺的感受，減輕疼痛。音樂也能提升身體安多酚（endorphin）的分泌，讓人有平靜、愉悅的感覺，消除不安和焦慮，幫助孕媽媽放鬆身心，離開「痛苦的感受」，更理性和積極地配合醫生。

假如音樂的旋律合適，更有助孕媽媽協調呼吸節奏和動作，增加生產力，縮短分娩時間，降低難產風險。而在產後，則有助孕媽媽和寶寶安睡，減少產後抑鬱的發生。

每個人對音樂的敏感度、領受力都不同，減痛效果或有所差異。因此，孕媽媽可以預先熟悉音樂，進行練習，加強效果。

備產小提示

32 週左右開始，孕媽媽就可根據個人的喜好和心理狀態，選擇一些可以讓自己放鬆、幫助睡眠、感到快樂、得到力量、積極的音樂（最好是沒有歌詞，若有歌詞，意思要正面），慢慢熟悉音樂的節奏，看看可如何配合分娩時呼吸的方法，並為自己設定和編排好音樂庫（約 3 至 10 首樂曲），便於在臨產時選擇及切換音樂。

另外，孕媽媽**待產休息時，音樂聲量宜小**，以穩定情緒；**當陣痛出現及分娩需用力時，音樂聲量則宜大**，以振奮精神、轉移注意力。而由於醫院未必能夠提供音響設備，孕媽媽記緊將耳機和音樂預先準備好在「走佬袋」啊！

除了聆聽音樂，坊間亦有「音樂減痛分娩」的專業方案。懷孕晚期、分娩過程中及產後，經過專業培訓的音樂治療師會按孕媽媽的需要予以科學化編排和設計的音樂，並提供支持、指導、陪伴，包括教授音樂放鬆法、引導想像、音樂呼吸、音樂按摩等等。

9 天然精油減痛好

早在十年前已有公立醫院引入芳香療法，為臨產的孕媽媽減輕陣痛及背痛，有一定效果。研究顯示，許多精油有鎮痛、調節血壓的作用，而當人體吸入或塗抹精油的時候，身體細胞會釋放一些具有放鬆情緒、緩解疼痛等不同作用的物質。

使用精油的主要目的是放鬆精神、緩和孕媽媽的情緒（如焦慮、恐懼、緊張等）和壓力、減輕疼痛、改善不適症狀（如噁心、疲憊等）及促進產程。

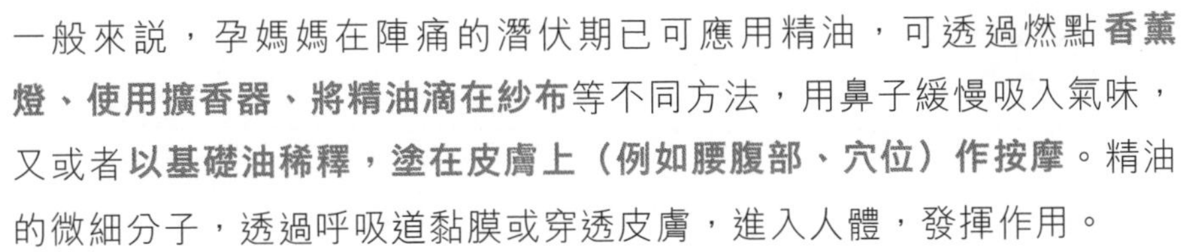

一般來説，孕媽媽在陣痛的潛伏期已可應用精油，可透過燃點**香薰燈、使用擴香器、將精油滴在紗布**等不同方法，用鼻子緩慢吸入氣味，又或者**以基礎油稀釋，塗在皮膚上（例如腰腹部、穴位）作按摩**。精油的微細分子，透過呼吸道黏膜或穿透皮膚，進入人體，發揮作用。

孕媽媽宜根據身體情況、喜好、陣痛不同階段的實際需要，選擇合適的精油。常用於孕媽媽的精油眾多，例如佩蘭、乳香、檸檬、生薑、橙花、佛手柑、薰衣草、甜橙、羅馬洋甘菊、玫瑰、快樂鼠尾草、松木、茉莉、柑橘、迷迭香、天竺葵、薄荷、馬鬱蘭、尤加利、丁香等。這些精油在功效上各有側重和特色，請向專業的香薰治療師查詢應用方法、份量、配方和注意事項。

10 綜合並施效果好

除上述主要的方法，還有一些其他方法可減輕分娩痛。

例如適當的走動可以幫助宮口打開及轉移孕媽媽的注意力；用豆袋熱敷腰骶部，可加速局部血液循環、擴張肌肉、轉移痛感；艾灸（三陰交穴）則可溫經通絡，行氣活血，抑制痛覺感受、鬆弛肌肉，促進宮口擴張，縮短產程，減少體力消耗，幫助產後恢復；漸進式肌肉放鬆法（Progressive Muscle Relaxation, PMR）可進一步幫助綳緊的肌肉放鬆；指導意象（Guided Imagery）透過創作力在思想內創建一個安全的地帶，帶意識和潛意識進入一個舒適的感覺。此外，還有催眠術、水療等。

生產痛無可避免，但順產減痛的方法有許多。各位孕媽媽，請懷着與寶寶見面的期許，渡過疼痛的時間，並與你的醫生好好商討，尋找最適合的減痛組合，為自己締造一個美好的順產經驗吧！

CHAPTER 20

產後點過 168 小時？

恭喜、恭喜！

經歷了畢生難忘的生產過程，孕媽媽正式榮升為「產媽媽」！

分娩後，產媽媽繼續面對各種挑戰，讓我們一起做好準備，迎接產後的黃金168 小時！

產媽媽的身體變化

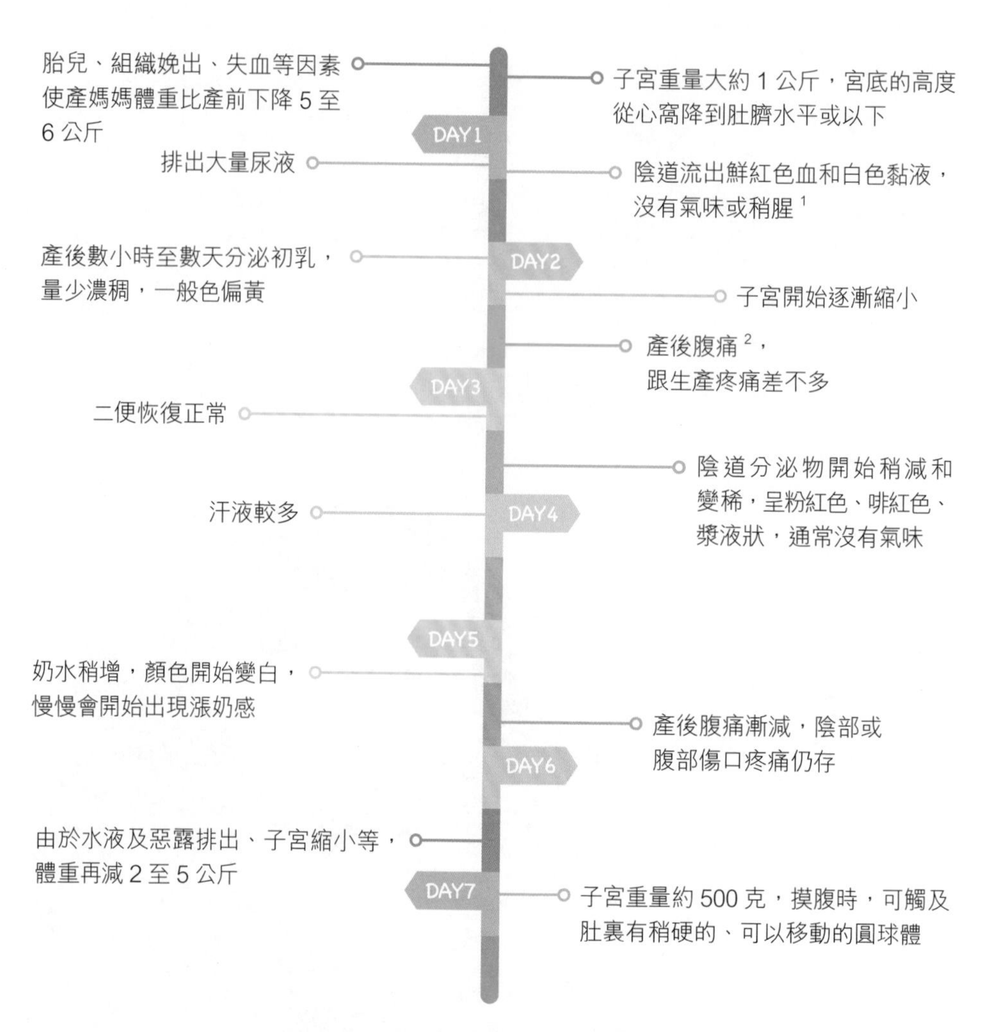

「多虛多瘀」：氣血津液不足、瘀血內阻、易感外邪

1 胎兒出生後，產媽媽的子宮內膜開始脫落，成為陰道的分泌物，就是「惡露」。如果紅色惡露持續不斷，而且量多，或有惡臭，必須儘快告訴醫生。

2 產後痛是由於子宮間歇性收縮所引起。如果是第二胎或以上，因為子宮肌肉張力較差，子宮無法持續地收縮，出現間歇性的收縮、放鬆，產媽媽會感到一陣陣疼痛。而如果產後子宮未完全排空，殘留胎盤組織或血塊，為了止血及排出這些物體，疼痛會更為明顯，通常持續 2 至 3 天。

產後情況人人不同，如產媽媽的身體情況與上述有所差異，不用過分擔心，若有疑問，可向婦科醫生查詢啊！

產後168小時的基本調養

1 一般衛生及護理

i 小便和大便

自然分娩或剖腹產拔除導尿管後，產媽媽要在**4至6小時內嘗試自行排尿**。

胎兒及子宮壓迫輸尿管日久、尿道組織受傷、使用麻醉藥等，均可引致排尿困難延後。若尿液儲留，使膀胱脹大，可能影響子宮收縮，增加產後出血的機會。

而臥床、飲食變化、肌肉力量未恢復、津血虧損、麻醉用藥等因素，則會令糞便在腸道內停滯過久，乾燥難排。

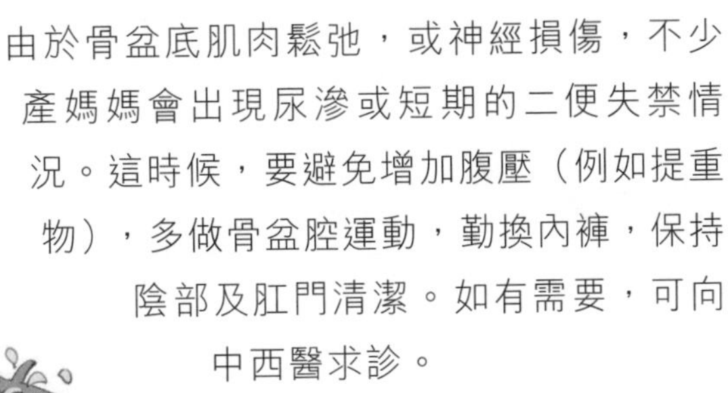

由於骨盆底肌肉鬆弛，或神經損傷，不少產媽媽會出現尿滲或短期的二便失禁情況。這時候，要避免增加腹壓（例如提重物），多做骨盆腔運動，勤換內褲，保持陰部及肛門清潔。如有需要，可向中西醫求診。

產媽媽注意

- 如排尿困難，可用**溫熱水洗外陰或尿道外口周圍、熱敷下腹部**，刺激膀胱肌收縮，誘導排尿。
- **若超過 6 小時未能排尿，要告知醫生**。
- 分娩後第 2 至 5 天是產後便秘高峰期，產媽媽分娩後宜儘早下床走動，促進腸蠕動和肛門排氣。
- 多飲水、攝取充足纖維素。
- 切勿不當峻補，進食性質溫熱、油膩滯胃、高熱量的補品。
- 產媽媽多虛，忌胡亂通瀉大便，使正氣傷上加傷。
- 體虛的產媽媽可根據個人需要適當運用一些具有補氣行氣、滋養陰血、潤腸通便作用的藥材緩解便秘，例如黨參、黃芪、熟地、柏子仁、火麻仁、肉蓯蓉等。
- 若便秘情況嚴重，可按指示口服西藥、外用塞藥、灌腸，或進行針刺、中藥治療等。
- 順產媽媽可順時針方向摩腹或按壓穴位，如中脘、天樞、氣海、大橫、腎俞、大腸俞、合谷、足三里等，理腸通腑。
- 大便時間不要太長，也**不要蹲便和屏氣用力**，以免令產程創口裂開，又或對直腸下端造成壓力，引發痔瘡。
- 收縮會陰和臀部後，才坐在馬桶上如廁，以防會陰創傷裂開。

ii 惡露

生產後，產媽媽會排出血性的陰道分泌物（惡露），顏色由鮮紅慢慢變成淡紅，然後轉為淡黃色、白色，量亦會愈來愈少。排淨惡露的時間因人而異，多為 4 至 8 週。

產媽媽注意

- 保持陰部清潔，確保乾爽衛生，避免感染。
- 產後三天內，每天 3 小時左右更換一次衛生巾，及後最多 5 至 6 小時，又或在感濕意時及時更換。

中醫話

“生化湯的迷思”

近年「生化湯」被受推崇，説是產後坐月良方，可以活血化瘀，溫經止痛，去瘀生新，幫助產媽媽排除惡露，復原子宮。

其實，生化湯早在二百年前已廣泛流傳，並不是甚麼奇方妙藥。生化湯由當歸、川芎、炮薑、桃仁與炙甘草五種中藥組成，一般會在分娩後數天內予產媽媽飲用，當血性惡露減少或轉為漿液性惡露，便可停用。

是否服用生化湯、甚麼時後應用、需要調配甚麼藥材，應按照產媽媽的體質決定，千萬不要盲從，亦不要長時間服用。

舉例説，氣血偏弱的產媽媽，因氣不攝血而出現陰道流血，身倦神疲，大汗淋漓，便應補氣血，不能單純使用生化湯；也有些產媽媽一向屬熱型或陰虛體質，分娩失血後，陰津更為不足，若盲目使用性質偏於溫燥的生化湯，就會火上加油，引致一系列燥熱症狀，甚至容易誘發炎性疾病。

另外，也要留意西藥的應用。假如醫生已給予產媽媽幫助子宮收縮的藥物，便要更加小心，以免引起出血過多。

iii 汗液

產後雌激素水平突然回落，為了平衡體內電解質水平，產媽媽可能會出現大量的「產褥汗」，即使沒有活動，也會大汗淋漓，十分常見。

從中醫學角度，這是「氣虛」的表現。產媽媽因分娩時耗用元氣，或失血過多，導致氣血虛弱，不能統攝汗液；也有產媽媽屬「陰虛」型的汗出，因為產傷陰血太多，令身體的陰和陽失去平衡，出現「虛熱」。與氣虛型的出汗不同，產媽媽較少怕風、怕冷，而是怕熱、心煩，有些產媽媽則出現盜汗（只在睡覺時汗出，醒後汗出不明顯）。

產媽媽注意

- 氣虛出汗宜**補氣養血，固表止汗**，常用北芪、黨參、淮山、蓮子、扁豆、五指毛桃、南棗等。
- 陰虛出汗則**養陰生津、清虛熱**，配合補益氣血，常用百合、地黃、石斛、女貞子等。
- 保持空氣流通，但不要當風。
- 出汗時，及時**抹乾身體**，以免毛孔開泄，容易感邪，造成感冒或痛症。
- 勤換衣服和內衣褲，避免滋生細菌，造成感染。
- 多飲温開水或進食稀粥，補充流失的水分。

iv 乳汁

分娩後，產媽媽體內黃體素迅速降低，乳汁開始漸漸分泌，待寶寶吸吮刺激後，母乳不斷增加。

產媽媽注意

- 經常溫柔擦洗乳房，保持乳頭清潔及乾燥。
- 穿戴具有承托力的內衣，可減輕漲乳時的不適感。

2 調以食為先

產後第一週是排惡露的黃金期，加上產媽媽身心較為疲憊，容易食慾不振，胃腸脹滿不適，故飲食方面暫不宜大補，以免滯膩，阻礙胃腸恢復，或令氣血運行過度，加劇出血，造成惡露不絕。

i 調養目標：

- 補充氣血，強化身體修復功能；
- 促進子宮收縮，排除惡露。

ii 飲食要點：

產媽媽產後一週，要好好注意飲食。

西醫篇　產後飲食要點

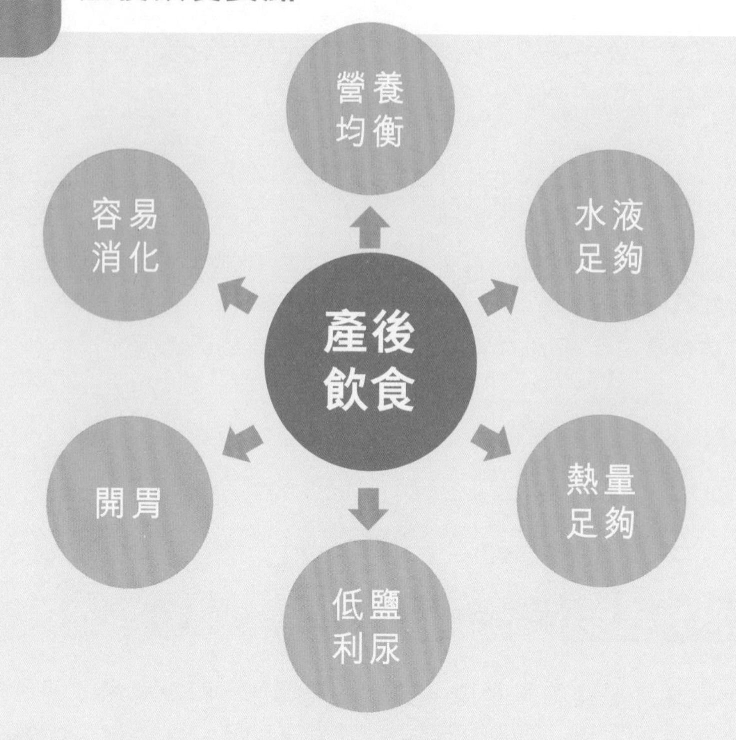

營養均衡： 攝入足夠的維他命 A、鋅、鐵及蛋白質，有利血液製造、傷口癒合，減少感染機會。

水液足夠： 能促進身體復原，預防便秘，亦有助乳汁分泌。

熱量足夠： 餵哺母乳的產媽媽比沒有的每天要多攝入 300 至 500 卡路里。

低鹽利尿： 幫助產媽媽排出體內多餘水分，防止水腫，減輕汗出。

容易消化： 減輕產媽媽的腸胃負擔，增加食物營養的吸收。

開　　胃： 增進產媽媽的食慾，以確保能攝取足夠營養。

中醫篇 產後飲食要點

分娩後	產後一週的基本飲食	
	宜	忌
第 1 天	陳皮水	❶ 易脹氣食物，如牛奶、豆漿、番薯； ❷ 高脂或油膩食物，如雞湯、骨湯； ❸ 難消化食物，如花膠、雞子、牛肉、鵝肉、較粗硬的蔬果； ❹ 生冷食物，如凍飲、魚生、沙律、冷麵； ❺ 性質寒涼的食物，如蜆、蟹、西瓜、綠豆、生菜； ❻ 不利子宮及傷口恢復食物，如酒、甜食、麻油、胡椒； ❼ 辛辣及燥熱食物，如辣椒、咖喱、羊肉、榴槤、煎炸及烤焗類食品； ❽ 過鹹、醃製、罐頭食物。
第 2 天	陳皮水、炒米茶、米湯、魚湯	
第 3 至 4 天	陳皮粥水、小米粥、湯粉麵（質軟）、瘦肉湯、魚湯	
第 5 至 7 天	粥、稀飯、軟飯、雞蛋、甘筍、番茄、蘋果、車厘子、紅棗、杞子、提子、木瓜、紅豆、黑豆、豆腐、魚肉（烏頭、鱸魚、黃花魚、鯽魚）、豬肉、豬紅、雞肉等	

茶飲篇　專屬炒米茶

炒米茶對產媽媽的身體有一定好處。

炒米茶原是中國南方的一種茶點，是指在白鑊中將大米加熱並翻炒成黃色的「炒米」，然後用來泡茶，能暖胃驅寒，人人都可飲用。

產媽媽分娩後體質大多偏虛，胃腸功能較差，常出現口淡、沒有飢餓感、胃腹脹、食後難消化等症狀，於是人們在坐月時應用炒米茶，以茶代水，既可給產媽媽補充身體水分，又可扶正祛寒，恢復胃腸功能和食慾。

起初，產後炒米茶只是由「米」和「水」組成，最多只加一些陳皮或紅棗。但到現在，炒米茶已成為坐月潮流茶療，根據產媽媽的體質和身體變化階段針對性地選擇不同的米或藥材。

米的種類	性味	功效特點
白米	甘，平	補氣健脾，除煩渴，止瀉痢。
紅米	甘，溫	健脾養胃，活血補血。
糙米	甘，平	補中，健脾益胃。
黑米	甘，平	健脾益胃補腎，益氣活血。

作用	常用藥材
補氣	黨參、炙甘草、淮山、炒扁豆
養血	枸杞子、南棗、芝麻
溫陽	桂圓、核桃
滋陰	沙參、玉竹、無花果
活血	紅棗、當歸
理氣或祛濕	陳皮、通草、紅豆、苡米
調肝腎	桑寄生、黑豆

③ 產後動起來

產後儘早進行適當的運動可以幫助恢復肌肉力量，減輕腰腹疼痛和失禁問題；促進子宮收縮、復舊及排出惡露；預防下肢靜脈血栓；防止肌肉鬆弛，幫助回復體態等。

自然分娩順利的產媽媽在**順產後 6 至 12 小時便可下床輕微活動**。如果生產過程發生併發症、傷口較大或剖腹產，則需要先休息數天。產媽媽可按照醫護人員指示安排。

產後第一週，產媽媽可以做些甚麼運動？

產後體能運動原則
由輕至多、由小至大、由上至下

產媽媽做運動，應從輕量及小動作開始（慢走、床上運動），然後慢慢增加幅度與運動量，並先作身體上部的運動（呼吸、乳房、上肢、頸背），再做身體下部的運動（腰腹、下肢）。

<table>
<tr><th colspan="7">產後 168 小時</th></tr>
<tr><th>第 1 天</th><th>第 2 天</th><th>第 3 天</th><th>第 4 天</th><th>第 5 天</th><th>第 6 天</th><th>第 7 天</th></tr>
<tr><td colspan="7">腹式呼吸</td></tr>
<tr><td>輕微走動</td><td colspan="6">適當慢走</td></tr>
<tr><td colspan="2"></td><td colspan="5">伸展上肢、擴胸運動</td></tr>
<tr><td colspan="3"></td><td colspan="4">頸背部運動</td></tr>
<tr><td colspan="4"></td><td colspan="3">腿部運動</td></tr>
</table>

產媽媽坐月時不要運動過度，在產後第 6 至 8 週才適宜重拾帶氧運動，並逐漸增加運動量（每星期 150 分鐘中等程度的帶氧運動）。

4 緩解產後疼痛

i 腹痛及會陰疼痛

產後的第一天，產媽媽便可開始穴位按摩，幫助緩解疼痛。

穴位

急脈、曲泉、三陰交、太沖

方法

拇指指腹着力於穴位，垂直向下按揉，每 2 至 3 秒停一下，每穴按 2 至 3 分鐘，每日 2 至 3 次。

注意

- 穴位局部有痠脹感乃正常。
- 按穴過程中，產媽媽要注意保暖。

緩解產後疼痛穴位

曲泉

【歸經】足厥陰肝經

【位置】屈膝時，當膝內側橫紋端上方凹陷中。

【功效】調經止帶，清利濕熱，通調下焦。

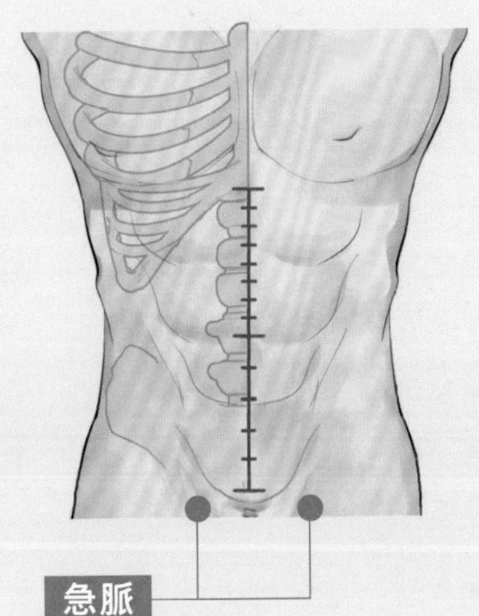

急脈

【歸經】足厥陰肝經

【位置】腹股溝，股動脈搏動處，距前正中線 2.5 寸（約拇、食、中指三橫指寬度）。

【功效】疏肝利膽，通調下焦，行氣提宮。

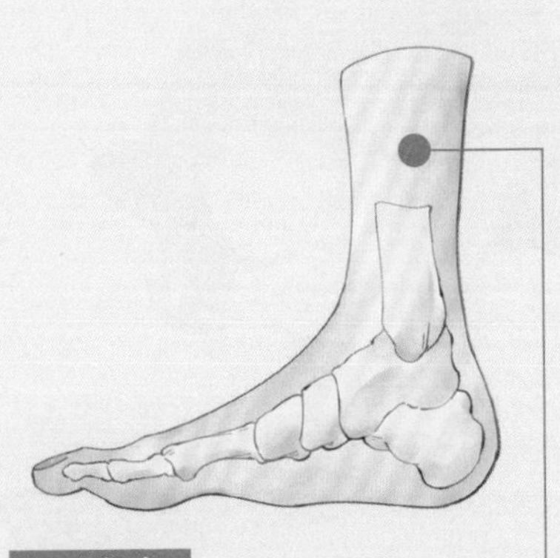

三陰交

【歸經】足太陰脾經

【位置】小腿內側，足內踝尖上 3 寸（四橫指），脛骨內側緣後方凹陷處。

【功效】補脾益血，健脾助運，調肝補腎，通理下焦，通絡風濕。

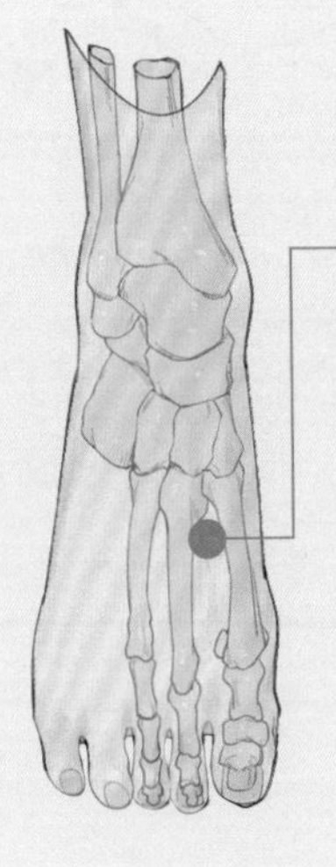

太沖

【歸經】足厥陰肝經

【位置】在足背，第 1、2 蹠骨間，蹠骨結合部前方凹陷中

【功效】平肝息風，清熱利濕，通絡止痛。

ii 身痛

不少產媽媽都會在分娩後出現肢體或關節酸楚、疼痛、麻木、重墜感、活動不利，甚至遷延數月不癒。產後身痛大多與平素腎虛，或生產過程失血導致血虛、血瘀，氣血不暢，肢體失養，又或感受風寒，阻滯經絡有關。

從西醫學角度，產媽媽內分泌的變化、關節鬆弛、姿勢不良、鈣質流失等因素，都可引致身體疼痛，例如風濕性或類風濕性關節炎、坐骨神經痛等。

產媽媽要儘量爭取休息，讓身體氣血能夠恢復。假如被診斷患上免疫相關性或骨關節器質性疾病，就要積極面對，進行相關治療及調護！

中醫話

“產後周身痛點忍？中藥外洗緩繃緊！”

在坐月時，產媽媽可用薑皮、桂枝、吳茱萸（茶辣）或艾葉煲水洗澡和洗頭，讓藥液直接滲透過肌膚腠理，進入經絡，以預防及緩解疼痛。不少產媽媽都有不錯的效果。

若疼痛較重，產媽媽可以運用更具針對性的中藥進行熏洗，幫助緩解症狀。

建議組方：雞血藤 30 克、寬筋藤 30 克、防風 20 克、獨活 20 克、艾葉 20 克、川芎 10 克。

功效：溫經散寒，活血養血，祛風除濕，舒筋通絡。

方法：

1. 藥材加入 5 公升沸水中煲 30 分鐘。
2. 將藥液隔渣，倒入沐桶或浴盆中，以蒸氣薰蒸局部。
3. 待藥液降溫至合適溫度時，浸泡雙腳，及用毛巾沾藥液外洗、外敷疼痛部位，過程約 15 至 20 分鐘。

注意：

- 注意全身保暖。
- 水溫要合宜，以免燙傷或受涼。
- 可配合局部按摩或穴位按壓。
- 過程中有任何不適，如大汗、心慌，應立即停用。
- 如皮膚有皮損或炎症，切勿使用。
- 可先在皮膚局部沾上藥液觀察，若有過敏，不能使用上述方藥。
- 為方便應用，產媽媽可將藥材磨成幼粉，使用時取適量以沸水沖泡即可。

為寶寶要做好「乳備」！

寶寶出生後，產媽媽體內的荷爾蒙產生變化，黃體素急劇下降，催乳素（Prolactin）隨即增加，使乳汁開始分泌。

一般來說，分娩後 2 至 3 天，產媽媽的乳汁便漸漸增多，乳房的脹滿和豐盈感亦慢慢變得強烈。不過，每位產媽媽的初乳時間表都不同，部分產媽媽可能在 4 至 5 天，甚至一週後，奶量才增加。

如果產後一週，產媽媽的乳房仍鬆軟，沒有漲奶，奶量又少，質地清稀，不能滿足寶寶需要，或者雖有漲奶，但難以排出，點滴而止，都是屬於「產後缺乳」。打算餵哺母乳的孕媽媽，可以先做好準備，了解怎樣預防「產後缺乳」，讓乳汁分泌充足，寶寶飽福滿足。

預防產後缺乳

欲通母乳，定時餵哺，

休息補水，心情要好。

增乳催乳，內外兼顧，

藥膳食療，按摩熱敷。

1 定時擠壓及餵哺

早吸吮、早開奶！

最早分泌的乳汁稱為「初乳」，**量較少，顏色偏黃，質地黏稠**，含有大量免疫球蛋白、乳鐵蛋白、溶菌酶、維他命和礦物質，可以滿足初生寶寶特別的生理需求，且增強其抵抗力，預防感染。

哺乳正知：

❶ 寶寶初生後，產媽媽就可以開始自行擠壓乳房或由寶寶吸吮，**大約每 2 至 3 小時一次**[3]，有助增加哺乳期奶量，預防乳腺堵塞，延長哺乳期。即使未有乳汁分泌，亦要堅持。

❷ 定時擠壓乳房及餵哺母乳，能刺激內分泌系統，讓產媽媽的身體習慣泌乳，乳腺越通，奶量越多。

❸ 寶寶肚子一餓，隨時餵哺。寶寶可能會出現嘴巴張開、頭部轉動、尋找奶源的動作，寶寶的反應和親吮都能提升母乳量。

❹ 催乳素的分泌量一般會在夜間上升，約**清晨 3 至 5 時**達到高峰。若產媽媽乳汁量不夠，在這段時間擠奶或讓寶寶吸吮，在內分泌及乳頭受刺激的情況下，整體母乳量可以有所增長。

❺ 如寶寶吸吮力不夠，可一邊輕輕擠壓乳竇，或先用吸奶器（奶泵）刺激一下，再給寶寶嘗試。

❻ 餵哺時間不要過長，初生寶寶一般是 10 至 15 分鐘，建議不要超過 30 分鐘。

❼ 每次餵哺最好剛剛排空乳汁，以免鬱積。

❽ 不要過度擠壓乳房，以免奶量分泌過多。

3 一般最好是寶寶「有要求、即餵哺」，千萬不要等到他大哭大鬧才予以安撫。初生寶寶在日間大約需每 2 至 3 小時餵哺一次，若他晚上有睡覺，則 4 至 5 小時餵一次。

母乳篇　正確哺乳要知道，餵飽寶寶無難度！

對於很多產媽媽來說，哺乳是一項非常艱鉅的任務。無論是「餵奶新手」，還是身經百戰的產媽媽，對於剛剛入讀「飲奶 BB 班」的寶寶，許多時候都束手無策。一些產媽媽甚至因為餵哺時十分疼痛，不得不放棄親餵。

產媽媽的奶水不足？不是，乳房脹得很！寶寶用力不夠？也不是，嘴巴吸力強！我們發現，原來有不少情況是一哺乳姿勢和方法不正確！

「埋身親餵」四部曲：

❶ **抱起寶寶：** 根據產媽媽的姿勢（坐位或臥位）決定如何抱持寶寶，讓寶寶的頭部微仰，緊貼媽媽，鼻尖對着乳頭。記得要承托好寶寶全身！

❷ **寶寶張口：** 趁寶寶張口時，讓他的下唇接觸及乳暈的下方，再用上唇含着乳頭。產媽媽可輕觸寶寶上唇，幫助他張口。這時寶寶的下唇是微微外翻，深深含着乳頭和乳暈（或大部分乳暈，上方乳暈或微微露出，但乳暈下方則完全包覆）。

❸ **寶寶吮奶：** 寶寶的面頰鼓起，一下一下、慢慢地吸吮。產媽媽不會感到疼痛。

❹ **寶寶飽足：** 寶寶吃飽後，會慢慢停止吸吮動作和張開嘴巴。產媽媽會感到乳房變得鬆軟。

運用正確的方法哺乳，能預防缺乳或乳腺阻塞（容易誘發乳腺炎）。孕媽媽宜在生產前充分了解如何哺乳，若不了解授乳過程、各種姿勢的正確哺乳方法，應尋求專業指導。政府衞生署或醫管局都有提供這類支援服務。

② 充足休息及湯水

缺乏休息會擾亂身體內分泌系統，也有礙產後氣血的生成和恢復，母乳量自然受到影響。足夠的睡眠有助製造母乳。

另外，水在母乳中的含量佔 95%，攝取充足的水分是製造母乳的關鍵，特別對於產後汗出或尿量較多的產媽媽，補水尤為重要。

③ 保持良好心情

激動易怒、焦慮、緊張、消沉等情緒會抑制催產素（Oxytocin）分泌，而**滿足、歡欣、快樂、自信則有助分泌催產素**，促進乳汁排出。產爸爸和家人提供實際支援，以溫柔相待，增加身體接觸，都有助產媽媽分泌更多催產素。

從中醫學角度，肝臟經脈正分佈在乳房脇肋，肝主情志，情緒不舒則肝氣不暢，氣機阻滯，乳汁自然分泌減少，或者積聚不通。

產媽媽可以：

❶ 多深呼吸。

❷ 進行默想、靜觀。

❸ 做一些令自己開心的事，例如擁抱寶寶、與親友聚會談心。

❹ 有需要時，尋求專業的心理協助。

④ 進食合適的餐膳

生產過程艱辛，耗氣失血，令產媽媽的身體變得虛弱，容易食慾不振。因此分娩後，產媽媽的首要任務是「**開胃**」——恢復脾胃的功能。消化功能良好，才能吸收所攝取的營養，化生氣血，製造母乳。

對於乳汁分泌較慢的產媽媽，在產後第一週可選擇一些性質平和，但又具有增乳及通乳作用的食材，例如木瓜、通草、鯽魚、鱸魚、五指毛桃、無花果、淮山、花生、絲瓜、烏雞肉等。

初產媽媽乳房的乳腺管尚未完全通暢，奶水容易停滯其中，產後數天不宜過分滋補（例如濃肉湯、豬蹄、花膠等），以免奶量急劇增加，造成阻塞，甚至發炎。

5 進行熱敷及乳房按摩

熱敷能促進局部血液循環，使經絡暢通，幫助乳腺管開通。按摩乳房則可刺激泌乳，疏通乳腺，預防阻塞。配合穴位，更可調節脾胃及肝臟機能，理氣和中，活血通乳。

產媽媽初產後，尚未漲奶時，以及每次餵母乳前，可先進行局部熱敷及按揉，使餵哺過程更加順利。而產媽媽在分娩後第一天，以及往後數天的其中兩次哺乳前，可進行以下程序：

❶ 用毛巾沾熱水略扭乾，外敷乳房。

❷ 毛巾溫度稍降後，再沾熱水扭乾。重複進行熱敷，約 10 分鐘。

❸ 按穴位，每穴按揉 1 分鐘：

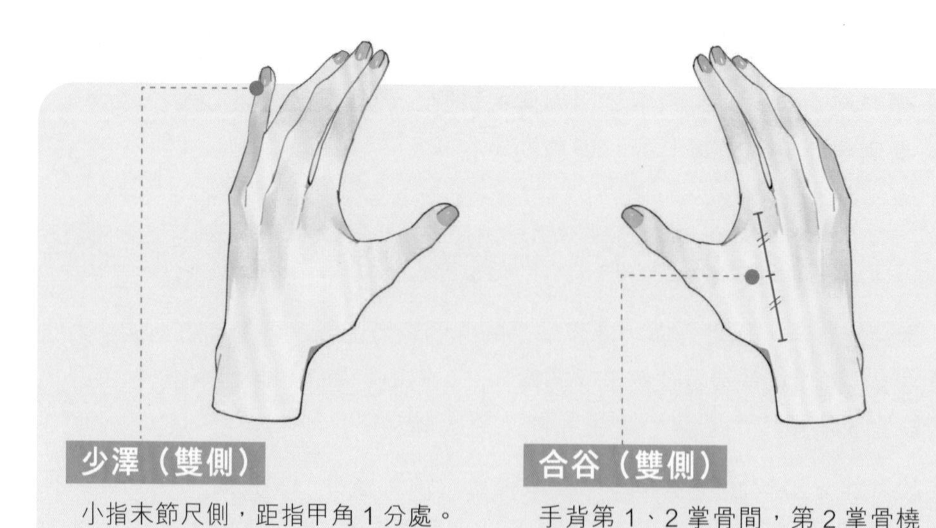

少澤（雙側）

小指末節尺側，距指甲角 1 分處。

合谷（雙側）

手背第 1、2 掌骨間，第 2 掌骨橈側的中點處。

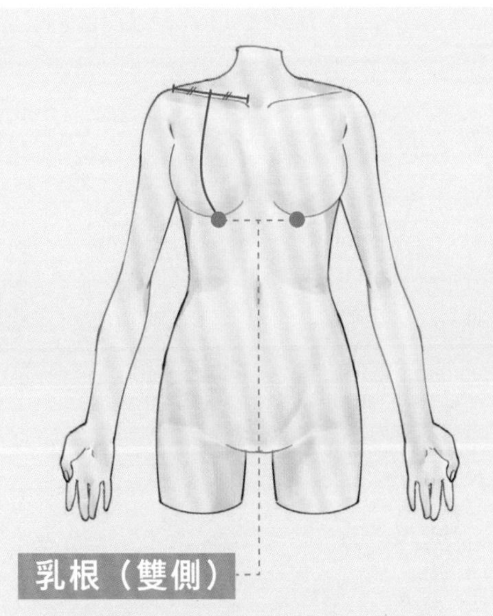

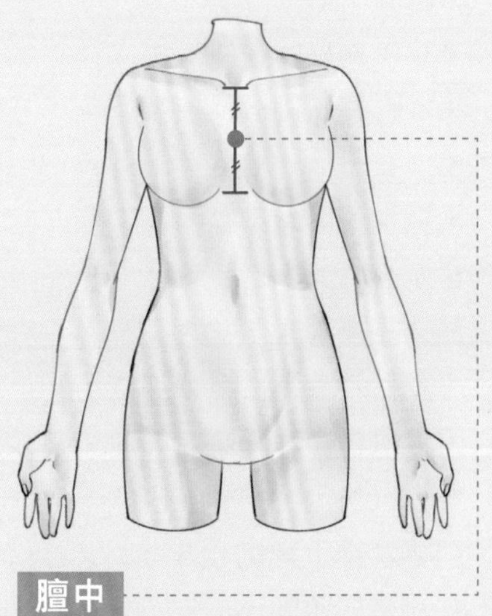

乳根（雙側）

前中線旁開 4 寸，乳房根部，乳頭直下，第 5 肋間隙凹陷處。

膻中

胸部正中線平第四肋間隙處，約當兩乳頭之間。

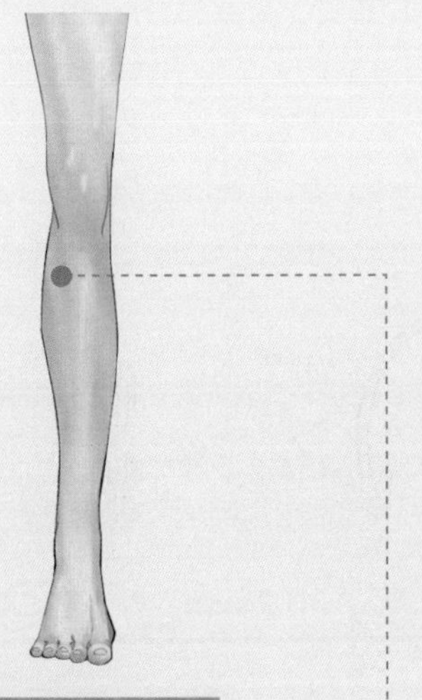

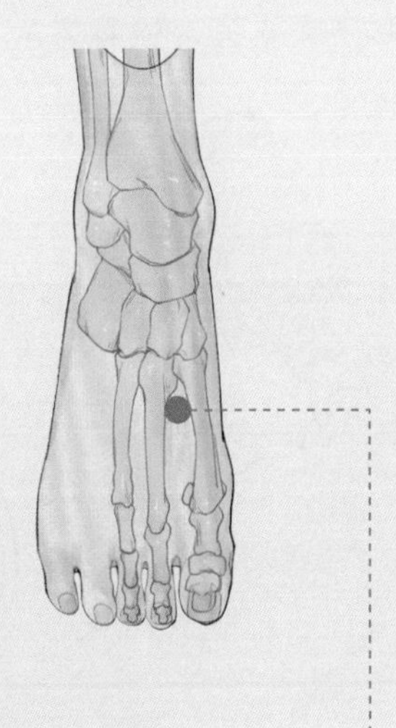

足三里（雙側）

外膝眼（犢鼻）下 3 寸（四橫指），脛骨前緣外一橫指處。

太沖（雙側）

足背第 1、2 蹠骨間隙的後方凹陷處。

❹ 按肩背：

- 拿捏兩側肩膀，然後用大拇指沿脊柱兩側旁從上至下按壓。在每節脊椎棘突下旁開兩橫指的距離按壓，每下停留 5 至 10 秒後移動至下一節，重複 3 至 5 遍。
- 可重點刺激胸椎下段部位，因當中包含了肝俞、脾俞、胃俞（分別在 T9、T11、T12 棘突下旁開 1.5 寸）、有利泌乳通乳。

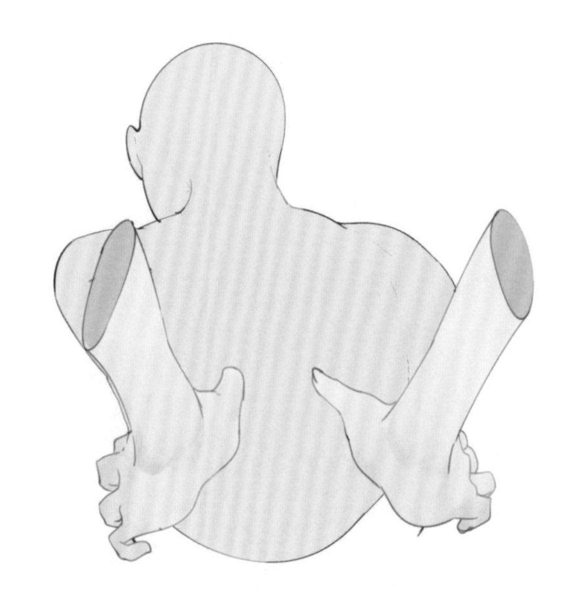

❺ 按摩乳房，並刺激乳暈：

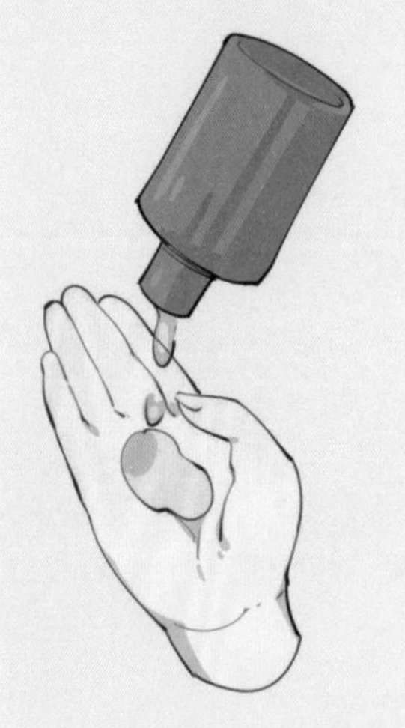

① 將少量介質塗抹在手上。

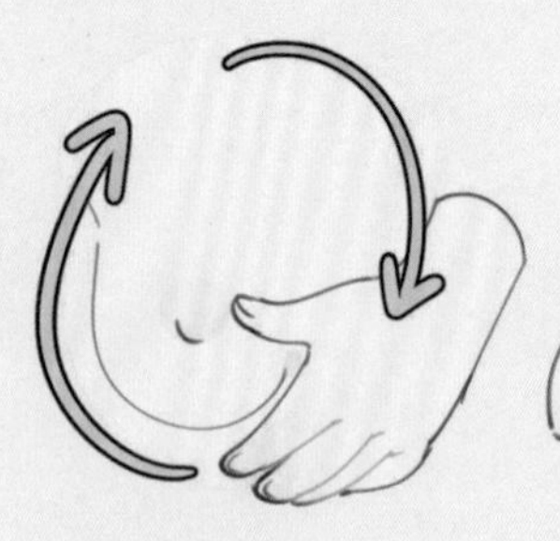

② 手掌順時針方向輕摩乳房周圍，約 1 至 2 分鐘。

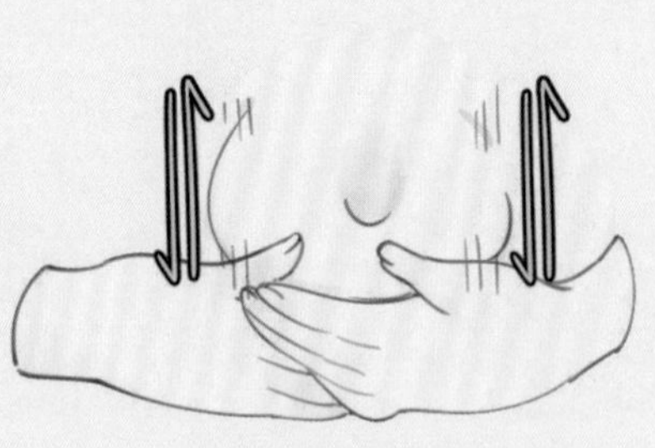

③ 兩掌托着乳房，輕震抖動一會。

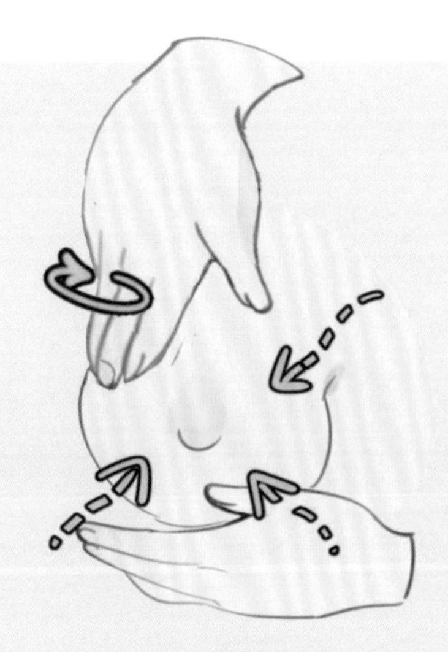

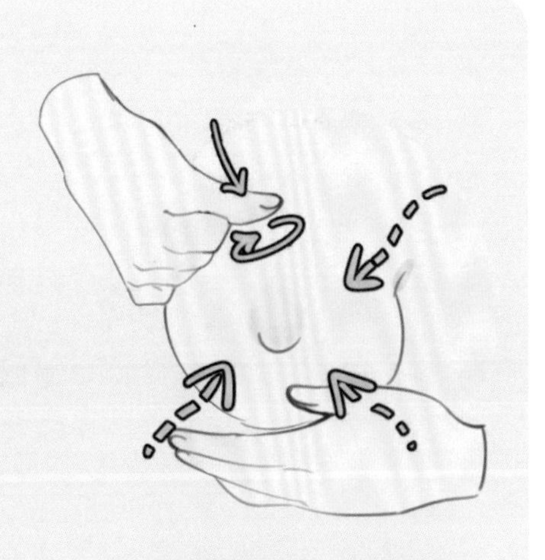

④ 一手虎口托住乳房，一手用五指指腹從乳房外周（從下方、外下、外側、外上、上方、內上、內側、內下方）沿乳腺管向乳頭方向按揉，重複3至5圈。

⑤ 如觸及腫塊，可重點按摩。從柔軟處開始按揉至結塊位置，並用拇指向乳頭方向直推。

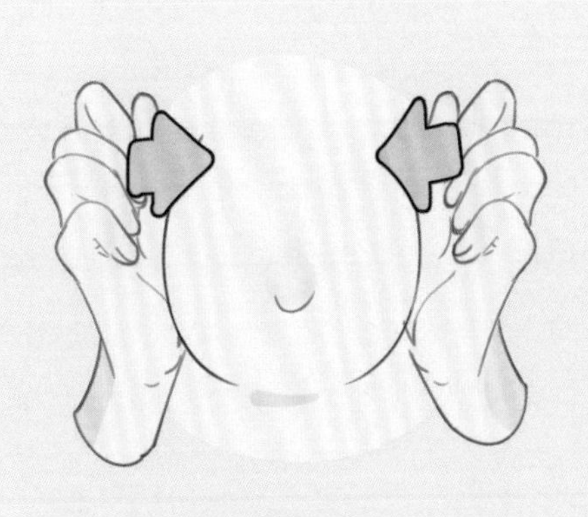

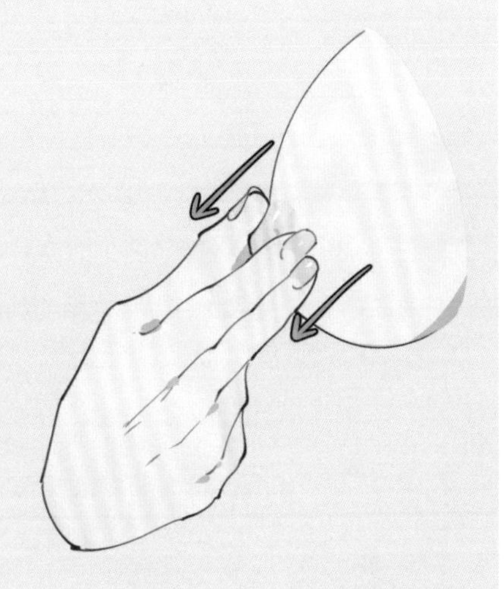

⑥ 兩手掌根部或魚際夾住乳房基底部，進行施壓，從外至內，上下、兩側及斜方均做。

⑦ 用拇、食、中指像寶寶吸吮般輕輕牽拉乳暈及乳頭部5至10次。

小貼士

進行熱敷及按摩時，產媽媽及家人要注意：

❶ 空氣流通，室溫最好保持在 26-28℃，並可播放輕音樂。

❷ 按摩的力度要適中，令產媽媽感到舒適，增加催產素分泌。避免過度用力，引起疼痛，使肌肉及血管收縮，影響奶水通暢。

❸ 按摩時，可使用食用油（如橄欖油）作為介質，以防乳房皮損。清潔後才進行哺乳。

❹ 熱敷溫度不要太高，以免燙傷。

❺ 若乳房有腫塊，甚至皮膚發熱、紅腫，不宜熱敷。

產媽媽亦可選用中藥液熱敷肩、頸、背，或進行沐浴，消除產後疲勞，放鬆肌肉，行氣活血，疏通經絡，提前泌乳時間，增加乳汁分泌。常用的外用中藥有黃芪、路路通、王不留行、當歸、通草、益母草、白芷、艾葉、赤芍、桂枝、生薑、防風等。

內心小劇場

“孕媽媽，辛苦你了！”

十月懷胎已不容易，生產更是痛楚。分娩後，還有很多「要做」或者「不可做」的事，可能會令你感覺疲倦或焦躁。可以的話，每天預留一些時間和空間給自己，做自己喜歡做的事，也嘗試欣賞自己過往和現在不住的努力。

如持續感到抑鬱和焦慮，對任何事都沒興趣，甚至不想照顧寶寶，鼓勵你告訴身邊的人。

你並不孤單，也無須自責。不少產媽媽都會遇到不同程度的情緒挑戰，甚至想傷害自己和寶寶。只要找專業的輔導，一同正視面對，必定能找出解決方法，繼續健康快樂地生活。

作者簡介

林家揚 博士

香港註冊中醫師、中國國家執業醫師、中國中醫科學院博士後。林醫師近年致力推動香港中醫藥通識教育發展，提倡中醫是一種生活態度，並主編多本養生著作，包括：《九型體格》、《九型體格系列之時行感冒解讀》、《九型體格正養防流感》、《防病要略》、《每天健康多一點》、《中醫有營》、《寒涼平溫熱 —— 比例食療法》、《點•求診？》、《九型體質食療全書》、《體質調理飲食法》及《潮養廚樂》。

林醫師積極參與香港義務工作，創辦「醫藝同行」，曾獲行政長官社區服務獎狀、第六屆香港傑出義工獎（個人）、第八屆香港傑出義工獎（團體）、紅十字會人道年獎、國際義工協會（IAVE）Volunteer Heroes、第七屆青年夢想實踐家等多項殊榮。

李文軒 醫生

香港和英國註冊婦產科專科醫生，曾經在英國、澳洲、香港的公營醫療服務，具有豐富的婦產診療經驗。

除了專科工作，李醫生熱衷義工服務，是義工團隊「醫藝同行」成員之一。

黃素娟 中醫師

香港註冊中醫師，近年參與推動香港中醫藥通識教育發展，設計靈活有趣的表達方式，希望大眾能輕鬆地正確認識中醫藥理論，並應用於生活。她曾撰寫及參與編寫《九型體格正養防流感》、《防病要略》、《點•求診？》及《潮養廚樂》等多本著作。

黃醫師是「醫藝同行」創辦人之一，積極參與義務工作。

王立志 先生

畢業於香港中文大學生物化學系，是香港基因生物領域的先行者。曾任香港華大基因執行總監（2009-2016 年），現任雅士能基因科技有限公司行政總裁（2018 年至今）。

王立志率先將無創產前檢測技術（NIPT）引入香港，並致力將基因檢測技術推廣至不同的健康保障和醫療領域，推動香港基因檢測工業。

黃明慧 心理學家

八歲時因嚴重藥物過敏而失明，是加拿大安省首位視障註冊小學教師，更是香港首位視障臨床輔導心理學家、心理治療師、催眠治療師、NLP 認可執行師及九型人格分析培訓師，並持情緒取向治療專業培訓證書資格。

2015 年創立社企「點字曲奇（Codekey Cookies）」，傳遞「打破標籤，突破界限」的正面訊息。

黃明慧積極參與義務工作，曾獲第九屆香港傑出義工獎，亦是「醫藝同行」創辦人之一。

著者
林家揚、李文軒、黃素娟、王立志、黃明慧

責任編輯
簡詠怡、周宛媚

資料搜集
朱啟溢、朱啟沖

圖像及文字校對
黃素娟

插畫師
劉子蔚（SUNNY）

裝幀設計
鍾啟善

排版
辛紅梅、鍾啟善

出版者
萬里機構出版有限公司
香港北角英皇道 499 號北角工業大廈 20 樓
電話：2564 7511　傳真：2565 5539
電郵：info@wanlibk.com
網址：http://www.wanlibk.com
http://www.facebook.com/wanlibk

發行者
香港聯合書刊物流有限公司
香港荃灣德士古道 220-248 號荃灣工業中心 16 樓
電話：2150 2100　傳真：2407 3062
電郵：info@suplogistics.com.hk
網址：http://www.suplogistics.com.hk

承印者
寶華數碼印刷有限公司
香港柴灣吉勝街 45 號勝景工業大廈 4 樓 A 室

出版日期
二〇二三年六月第一次印刷

規格
小 16 開（240 mm × 170 mm）

Published and Printed in Hong Kong, China.
ISBN 978-962-14-7477-3